昆虫记

[法]让-亨利·卡西米尔·法布尔　著

[英]鲁道夫·斯托尔夫人　改编　王大文　译

华东师范大学出版社

图书在版编目(CIP)数据

昆虫记/(法)让-亨利·卡西米尔·法布尔著;王大文译.
—上海:华东师范大学出版社,2018
(新课标)
ISBN 978 - 7 - 5675 - 8201 - 9

Ⅰ.①昆…　Ⅱ.①让…②王…　Ⅲ.①昆虫学-青少年读物
Ⅳ.①Q96-49

中国版本图书馆 CIP 数据核字(2018)第 189087 号

昆虫记

著　　者　[法]让-亨利·卡西米尔·法布尔
改　　编　[英]鲁道夫·斯托尔夫人
译　　者　王大文
总 策 划　上海采芹人文化
项目编辑　朱晓韵　楼时钰
审读编辑　陈锦文
装帧设计　卢晓红　采芹人插画装帧工作室

出版发行　华东师范大学出版社
社　　址　上海市中山北路 3663 号　邮编 200062
网　　址　www.ecnupress.com.cn
电　　话　021 - 60821666　行政传真 021 - 62572105
客服电话　021 - 62865537　门市(邮购)电话 021 - 62869887
地　　址　上海市中山北路 3663 号华东师范大学校内先锋路口
网　　店　http://hdsdcbs.tmall.com

印 刷 者　苏州美柯乐制版印务有限公司
开　　本　890×1240　32 开
印　　张　7
字　　数　119 千字
版　　次　2019 年 1 月第 1 版
印　　次　2019 年 9 月第 4 次
书　　号　ISBN 978 - 7 - 5675 - 8201 - 9/I.1950
定　　价　28.00 元

出 版 人　王　焰

请驯养我

梅子涵

（儿童文学作家、上海师范大学博士生导师）

　　对孩子们说，有哪一些书应该在现在这个年纪里阅读，这是一个很怀有敬意的引导。它是对生命本身的敬意，对成长和未来漫长日子的敬意，对这个世界和整个宇宙的敬意，也是对这些最值得阅读的经典书籍的敬意。是的，敬意：所有生命都值得享受它们，它们能给一个人的生命路途和整个世界、宇宙的秩序带来无限爱护、诗意、智慧、力量、安宁。不对一个孩子说应该阅读这些书，实际上已经是对他的无比的不在意，甚至是鄙视，是真正的对生命的死活不管！

　　我和我们这一代人的童年就没有这样被敬重过，没有人给过我们最值得我们去亲近的书单，给的恰好是不值得的、不适合的，甚至可能会让生命动乱、世界疯狂的书。果然，后来，我们这一代人集体地动乱了，疯狂地参加对中国文化和世界文化的革命，革得国家很多年不能正常呼吸，更别说呼吸优雅。我们对那时很有意见，总要批评，虽然我们很懂得历史的缺陷、时间的缺陷、能力的缺陷，我们愿意理解我们的生命就那样地被过渡、被实验、被损伤，结出很多难看的痂，但是我们完全不愿意我们的下一代被重复，被继续文盲、继续损害。是的，童年，包括青少年，没有必要的经典阅读的记忆，那么哪怕他们个个有名校学历，他们的生命韵味和情怀、气度仍旧可能是文盲般可怜的，甚至是可笑的。

我每次在巴黎的时候，总会租一套房子，有时会去一个社区小小的宁静的图书馆，自己看看书，也看别人在读书。我记住了很多令人感动的情形和场面，其中就有一个这样的墙面布置：《小王子》里的那只漂亮的狐狸，站立在一堆漂亮的书里，旁边写了几个字——请驯养我。

这是来自《小王子》的情节。而在这里，布置者让我读到的是，狐狸请求书籍驯养它。这多么符合一个拥有优秀书籍的图书馆的意义，多么符合经典书籍和人类的关系。

是的，年纪小些的孩子们，已经在长大的青少年们，我们都心甘情愿地接受适合我们阅读的文学经典、文化经典的驯养，加上热烈的学校生活、大自然的生活、社会生活，我们就能成长得多么蓬勃、多么正经、多么有希望，我们就有可能渐渐地让我们国家的呼吸优雅起来——真正的"经典书目"是可以改变国家呼吸的。我们希望国家优雅地强大，希望世界很有爱，很温暖，入睡时放心，醒来也放心。

2013 年 7 月 21 日写于巴黎 DANTON 大街 58 号

漫游昆虫世界

止　庵

　　此书原名《法布尔的昆虫记》(*Fabre's Book of Insects*)，系鲁道夫·斯托尔夫人(Mrs. Rodolph Stawell)根据亚历山大·泰伊克塞伊拉·德马托斯(Alexander Teixeira de Mattos)的英译本编写，一九二一年在纽约出版。插图十二帧，出自爱德华·朱利叶斯·德特莫德(Edward Julius Detmold)之手，德马托斯生于一八六五年，死于一九二一年；德特莫德生于一八八三年，死于一九五七年；斯托尔夫人生平不详，可能也是十九、二十世纪之交的人物。

　　法布尔《昆虫记》中文全译本计二百余万字，此书以篇幅论不过二十分之一；在已有全译本的今日，还要推出此种节本，即便插图精美，译笔流畅，未必就是充足的理由。初次看见这个本子，我也不免有所疑问。缩减原作之举，往往受到非议，但是天下事不可一概而论。文学作品譬如小说，这等事当然干不得；至于《昆虫记》却未必如此,全本节本似乎可以并行不悖。这书我是读过全本的,这回看了这个节本,又把相应章节细细对照一遍,自信斯言不妄。

话头要从全译本谈起。关于《昆虫记》,一向议论很多;对比一己印象,则好处俱已说着,然而有个特点似乎未被留意。前面提到"科学小品",周作人解释为"内容说科学而有文章之美者"(《苦茶随笔·科学小品》),而无关乎篇幅长短;具体落实到《昆虫记》,"内容说科学"尚需稍加说明,即该书并不以全面系统提供有关昆虫的知识为目的,而只涉及作者一己曾经观察且有所发现的若干题目。《昆虫记》写在"哈麻司"(L'Harmas),亦即本书第一章提到的那个"我四十年来拼命奋斗所得的乐园",一八七八年出版第一卷,以后大约每三年印行一卷,一九〇七年最后一卷面世。通读一过即可得知,作者是陆续观察、陆续发现和陆续写作的,所记录的是在昆虫世界的漫游历程。梅特林克称其为"昆虫界的荷马",或许正是这个意思。指出这一点来,也就可以进而体会作者的写作动机。与其说是介绍知识,不如说是描述体验。所以《昆虫记》既不同于一般科学小品,又不同于普通百科全书。法布尔写这书,在我看来多半还是自得其乐。说来也是理应如此,古往今来不朽之作,哪一部不是类似情形。

然而一本书问世后总是要有人看的，虽然此处无关动机，只说结果。以《昆虫记》全译本而论，我想读者应该是与作者爱好乐趣相当的人——"爱好"指同样关注昆虫，"乐趣"指愿意照样体验法布尔当初所有体验。后一方面尤其不易，卷帙浩繁倒在其次，作者讲到自己的观察经过与观察对象，往往到流连忘返地步，咱们也得有他这个兴头儿才行。所以读这部大书需要有所准备，无论知识方面，还是阅读方面。这不是用来扫盲的书。作者曾自许"为了而且特别为了少年而著述"，读过全译本后，我对此稍感怀疑，觉得少年读者——确切地说是小学生——一下子未必读得进去，也未必读得下来。这么讲话，当然不是贬抑那本书，抑或轻视这些人，只是强调彼此之间尚且有点距离罢了。法布尔漫游于千奇百怪的昆虫世界之中，这世界对于今天的孩子，特别是城里的孩子来说，恐怕已是不可企及的所在。周作人有云："儿时的经验里，因为虫豸的常见与好玩，相识最多也最长久，到后来仍旧有些情分。"（《夜读抄·〈百廿虫吟〉》）我们小时候与昆虫多少还是有缘的，这正是阅读《昆虫记》之必要准备；不过早就不是这么一回事了，除了苍蝇、蚊子、蟑螂和蚂蚁之外，要想见着别种有趣的昆虫，实在很难。《昆虫记》本来是帮助我们认识世界的，现在认识《昆虫记》却另外需要帮助，难免令人悲哀，可是因此像这样的节本也就派上用场了。全译本是大人买给自己的书，而这是大人买给孩子的书。

斯托尔夫人所编这个本子，对于希望了解昆虫世界的少年读者来说，的确是很好的入门书。她并非简单地这里那里抽取几章，杂凑成书，遴选的均为引人入胜的故事，此外又下过一番剪裁归并的功夫。譬如第一章"我的工作和作场"，取自全本卷十第十九章、第二十一章和卷二第一章，原来分散各处的内容，被放到一起述说；第二章"蜣螂"，取自全本卷五前言至第五章，原来近四万字，只剩下五千来字。难得的是动了一番手脚之后，依然葆有几分原作的趣味，而且是孩子很容易领略的趣味。当然不可能取代全本《昆虫记》，但是小读者们如果由此得以建立对本来是人类伙伴之一的昆虫的兴趣，有朝一日愿意进而把那部大书读完，那么这个版本之问世也就是颇有意义的了。

读书是一生一世的事业，也是循序渐进的过程。不同的书，适合于不同的年龄阶段；夏行秋令，抑或相反，纵然一己乐意，总归收益有损。这是我自己的一点经验之谈——说是读书经验，实在却是读不上书的经验，譬如眼下这本小书，我就遗憾当年没有机会读到。现在提供给中小学生的读物很多，我觉得应以尽量满足他们两方面的需求最为重要，亦即分别朝向现实世界与想象世界的书。单以前者而论，记得我在那个年龄，天文地理，动物植物，一概都想知道，只是如前所述，苦于无书可读，日子过得实在乏味暗淡极了。我想此种求知欲望，现在的孩子们一定也有，说来着实很羡慕他们的际遇了。

二〇〇二年四月十二日

目　录
CONTENTS

第一章

我的工作和作场

我们都有自己的才能和特具的禀性。有的时候，这种禀性，看来好像是从我们祖先那儿遗传下来的，但多数很难追寻它们确实的来源。

譬如，偶尔有个牧童，玩着小石子，加加减减；以后他竟成为惊人的速算家，最后，也许成为数学教授。另外有个孩子，一般儿童在他那样年龄的时候，还只注意玩哩，然而他离开正在游戏的同学，去倾听一种幻想的乐声，这是他独自听到的一种神秘的合奏。他是有音乐天才的。第三个孩子，太小了，也许他吃面包和果酱，还不能不涂到脸上，但是他却非常喜欢把黏土捏成小小的模型，居然还能十分生动。假使他的运气好，将来有一天就会成为著名的雕刻家。

我知道，说自己的事，是顶讨厌的，但是你们还是让我来谈谈吧，以便介绍一下我自己和我的研究工作。

从我最早的孩童时代起，自然界的事物已经很吸引我的注意。假使认为我喜欢观察植物与昆虫的天性是从我的祖先遗传下来的，那简直是笑话，因为他们是没有受过教育的乡下人，除了注意他们自己的牛羊以外，一无所知。我的祖父辈，只有一个翻过书本，就连他对于字母的拼法还是很没有把握。至于说我曾有过科学训练，那更谈不到。没有先生，没有指导者，并且时常没有书。不过我只是朝着常常在我面前的一个目标走去：想在昆虫学上增加一些篇幅。

回忆过去，在很多年前，那时我还是个极小的孩子，刚刚学认字母，然而对于这种初次学习的勇气与决心，非常的骄傲。记得最清楚的，却是我第一次找寻到鸟窠和第一次采集到蕈菌的那种快乐的心情。

记得有一天，我去爬山，在这山顶上，有一排树林很早就引起我浓厚的兴趣。从我家的小窗里，可以看见它们朝天耸立着，在风前摇摆，在雪里扭腰，我老早就想跑到面前去看个仔细。这一次的爬山，时间很长久，因为草坡峻峭得同屋顶一样。我的腿又很短，所以我爬得很缓慢。

忽然在我的脚下，有一只可爱的小鸟，从大石下它的藏身之处飞起来。不一会，我就找到了它的窠，那是细草与毛做的，里面还排列着六个蛋，具有美丽的纯蓝色，光亮异常。这是我第一次找到的鸟窠，也是小鸟们带给我许多快乐中的第一次。我欢喜极了，于是躲在草地上，目不转睛地看着它。

这时候，母鸟很不安地在石上乱飞，"塔克！塔克！"的叫着，表现出一种非常焦急的声音。我当时年纪太小，还不能懂得它为什么痛苦，我于是定下一个计划——这真像一头小猛兽的打算，预备先带走一只小蓝蛋，做我的纪念品，两星期后再来，趁这些小鸟还不能飞时，将它们拿走。当我把蓝蛋放在青苔上，很小心地走回家去，路上恰巧遇见一个牧师。

他说："呵！一个'萨克锡柯拉'的蛋！你从哪里拿来的？"

我告诉他整个的经过，并且说："其余的那些，我想等它们孵出来，刚长出绒毛的时候再拿走。"

从这一次谈话中，我晓得了鸟与兽同我们一样，是各有名字的。

于是我自己问自己："我那许多生长在树林里、草原上的朋友们，都是叫什么名字呢？'萨克锡柯拉'的意思是什么呢？"几年以后，我才晓得"萨克锡柯拉"的意思是岩石中的居住者，那有蓝色蛋的鸟名叫石鸟。

沿着我们的村庄，有一条小河流过，河的对岸，有一座山毛榉树林，光滑笔直的树干，像柱子一样，地上铺满了青苔。在这座树林里，我第一次采集到蕈菌。它的形状，偶然看去，好像迷途的母鸡生在青苔上的蛋。还有许多别的种类，大小样式和颜色都不同。有些形状像铃铛，有些像熄灯用的罩子，有些像茶杯；有些是破裂的，并且流出奶汁样的泪水；有些当我踏过的时候，变成蓝色的了。还有一种最稀奇的，像梨一样，顶上有一个圆孔，大概是一种烟筒吧？我用指头在下面一戳，就有一股烟从烟筒里喷出来，我装满了一袋子，高兴时就弄它们出烟，直到最后缩成火绒的样子。

以后我又到这个有趣的树林里去了好几次，在乌鸦队里，研究蕈菌学的初步功课。这种采集，在家里是办不到的。

在这种观察自然与做实验的方法之下，我的所有功课，除掉两种以外，差不多都学习过了。从别人那里，只学过两种科学性质的功课，而且在我一生中，也只有这两种：一种是解剖学，一种是化学。

第一种我得力于造诣很深的自然科学家摩金坦东，他教我如何在盛水的盆中察看蜗牛的内部。这个功课的时间很短，但是得到的益处很多。

我初次学习化学时，运气比较差。实验的结果，玻璃瓶爆裂，多数同学受了伤，有一个人眼睛险些瞎了，教员的衣服烧成了碎片，教室的墙上玷污了许多斑点。后来，我重回到这间教室去时，已经不是学生而是教员了，墙上的斑点还留在那里。这一次，我至少学到了一件事，就是以后我每做这一类实验时，总是把我的学生们隔开得远一点。

我有个最大的愿望，就是想在野外有个实验室。当一个人在为每天的面包问题而焦虑的生活状况下，这真是一件不容易办到的事情！差不多四十年来都有这种梦想——一块小小的土地，四面围起，冷僻、荒芜，日光曝晒着，生满蓟草，而且特别为黄蜂和蜜蜂所爱好。在这里，没有烦扰，我可以与我的朋友们——猎蜂等，用一种难解的语言相问答，这当中包含了不少的观察与实验。这里没有漫长的旅行和远足来消耗我的时间与精力，我就可以时时留心我的昆虫们了。

最后我的希望达到了。在一个小村落的幽静之处，得到一块小小的土地。这是一块"哈麻司"，这是我们普罗旺斯的人为一种不能耕种、而且多石子的地方起的名字。那里除掉一些百里香，其他植物很难生长。如果要花费耕耘的功夫，实在又不值得。不过春天却有些羊群从那里走过，碰巧下点雨，也可以生长一些小草。

然而，这块地上却有少量掺着石子的红土，是曾经粗粗地耕种过的。有人告诉我说，这里生长过葡萄，于是我真有几分懊恼，因为地上原始的植物已被三脚叉弄掉了。我去的时候已经没有百里香、欧薄荷或一丛矮栎留存其间。百里香和欧薄荷对于我也许有用，因为可以做黄蜂与蜜蜂的猎场，所以我不得已又把它们重新种植起来。

杂草多极了：偃卧草、刺桐花，以及西班牙的婆罗门参——那是长满了橙黄色花，并且有硬爪般的花序的。在这些上面，盖着一层伊利里亚的棉蓟，它的孑然直立的枝干，有时长到六尺高，而且末梢还有大朵的粉红球；小蓟也有，武装齐备，使得采集植物的人不知从哪里下手摘取。在它们的当中，穗形的矢车菊，长好了一排列的钩子，悬钩子的嫩芽爬满地上。假使你不穿上高筒皮靴，来到这多刺的丛林里，你就要自食粗心的报应。

这就是我四十年来拼命奋斗所得的乐园呵！

我这个稀奇而冷落的乐园，正是无数蜜蜂与黄蜂的快乐的猎场，我从来没有看见过这么多的昆虫密集在一处。各种生意都以这里作中心，来了猎取各种野味的猎人、泥水匠、纺织工人、切叶的、制造纸板的；同时也有石膏工人在拌和泥灰，木匠在钻木头，矿工在掘地下隧道，及加工牛大肠膜（用来隔开金箔）工人，各种各样的都有。

看呵！这里是一个缝纫的蜜蜂，它剥下开着黄花的刺桐的网状干，采集了一团填充物，很骄傲地用它的嘴巴带走了。它准备到地下，把它做成棉袋，用来储藏蜜和卵。那里一群切叶蜂，在它们身体的下面，各带有黑色的、白色的，或者血红色的，刈割用的毛刷。它们打算到邻近的小树林，将树叶子割成椭圆形的小片，包裹它们的收获品。这里一群着黑丝绒衣的泥蜂，它们是做水泥与沙石工作的。在我的哈麻司里，我们很容易在石头上找到它们石工物的标本。另外，还有一种野蜂，它把窠藏在空蜗牛壳的盘梯里。另外一种，把它的蛴螬安置在干燥而布满荆棘的树干的木髓里。第三种，利用干芦苇的沟道做它的家。至于第四种，住在舍腰蜂的空隧道中，连租金也不出。还有些蜜蜂生着角，有些蜜蜂后腿生着刷子，这些都是用来收割的。

　　我的哈麻司的墙壁建筑好了，成大堆的石子与细沙到处皆是，那是建筑工人们遗弃下来的，但是不久就给各式各样的住户占据住了。舍腰蜂拣选了石头的罅缝，做它们睡眠的地方。凶悍的蜥蜴，当它被惹急了的时候，无论对于人或狗，都会不客气地进攻，选择了一个洞穴，伏在那里等待路过的蜣螂。黑耳毛的鹐鸟，穿着黑白相间的衣裳，看起来好像黑衣僧，坐在石头顶上唱着简单的歌曲。藏有天蓝色小蛋的窠，一定在石堆的某一处吧？石头移走的时候，那小黑衣僧也搬走了。我对它很惋惜，因为它是个可爱的邻居。至于那个蜥蜴，我倒全不在乎。

　　沙土堆里，隐藏了掘地蜂与猎蜂的群落。遗憾得很，后来被建筑工人无辜地驱逐了，但是仍然有猎户们留着，它们有的寻找小毛虫非常之忙，另一种很大的黄蜂，竟有勇气去捕捉毒蜘蛛。这些厉害的蜘蛛，多数住在哈麻司的地面里，而且你可以看到它们的眼睛在洞底炯炯发光，好像小金刚钻一样。暑天的下午，你更可以看见阿美松蚂蚁，出了兵营，排成长队，开向战场，去猎取俘虏。

　　此外还有屋子附近的树林里，集满了鸟雀，有绿莺、麻雀，也有猫头鹰。而小池中住满了青蛙，在五月里，它们就组成震耳欲聋的乐队。黄蜂是最勇敢的，它自动地占有了我的屋子。在我门口，白腰蜂居住下来，当我进门的时候，我必须很小心，不然就会践踏了它们，破坏了它们的开矿工作。在关着的窗户里，舍腰蜂在软沙石的墙上，做成了土巢。它们利用窗户板上偶然留下的小孔，做进出的门户。在百叶窗的边线上，少数迷了路的舍腰蜂建筑起蜂窠。午饭时候，黄蜂与芦蜂翩然来访，它们的目的，很明显的是来看看我的葡萄成熟没有。

　　这些都是我的伴侣。我的亲爱的小动物们，我从前的老朋友和现在许多新认识的朋友们，都在这里打猎、建筑、养活它们的家庭。同时，假使我想移动一下，大山靠我很近，有的是野草莓树、岩蔷薇、石楠植物，黄蜂与蜜蜂都是喜欢聚集在那里的。有这许多理由，所以我放弃城市来到乡村，到西里南来干给芜菁除杂草和灌溉莴苣的工作。

昆虫的世界

第二章

蜣 螂

一 圆 球

人们第一次谈到蜣螂，还是六七千年以前的事。古代埃及的农民，在春天灌溉洋葱田的时候，常常看见一种肥黑的昆虫，挨近身边经过，忙碌地向后推滚着一个圆球。他当然很惊异地注意这个奇怪的旋转物，像今天普罗旺斯的农民一样。

古埃及人想象这个圆球是地球的象征，蜣螂的动作是受了天空星球的运转的启发。他们以为甲虫具有这么多天文学知识是很神圣的，所以他们叫它"神圣的甲虫"。同时他们又想到，甲虫抛在地上滚的球体，里面装的是卵子，小甲虫就是从那里出来的。但是事实上，这只是它的食物储藏室而已。

里面并不是好吃的东西。因为甲虫的工作，是从地面上收集污物，这个球就是它把路上与野外的垃圾，很仔细地搓卷起来的。

做成这个球的方法是这样的：在蜣螂扁阔的头的前边，嵌有六只牙齿，排列成半圆形，像一种弯形的钉耙，可以用来挖掘和切割，抛开它所不要的东西，收集起它所中意的食物。它的弓形的前腿也是很有用的工具，因为它们非常的强固，而且在外端还长有五个锯齿。所以，如果需要很大的力量，去搬动一些障碍物，甲虫就利用它的膀臂，左右舞动着有齿的臂，用力地扫清一块小小的面积。它把耙集的材料堆集成为一抱，推送到四只后腿之间。这些腿长而且细，特别是最后的一对，形状略弯，顶端还有尖爪。甲虫再用后腿将材料压在身体下面搓动、旋转，来回地滚，直到最后成为一个圆球。一会儿，一粒小丸渐渐滚成核桃那么大，不久又扩大到如苹果一样。我曾见过有些贪吃的，甚至把这个球做到拳头大小。

食物的圆球做成后，必须搬到适当的地方去。于是甲虫就开始旅行了。它用后腿抓紧了这个球，再用前腿行走，头向下俯着，臀部举起，向后退走。它把堆在后面的物件，左右轮流地向后推动。谁都以为它要拣一条平坦，或不很倾斜的路走。但并不如此！它随意走近险陡得简直不可能攀登的斜坡，而这固执的东西，偏要走这条路。这个球非常之重，一步一步艰苦地推上，万分留心，但到了相当的高度，仍不免后退。只要稍微不小心，就会前功尽弃：球滚落下，连甲虫也拖下来。再爬上去，结果再掉下来。它这样一回又一回地向上爬，只要出一点小事故，就什么都完了；一枝草根能把它绊倒，一块滑石会使它失足，连球带虫一齐跌下来，搅在一起。有时经一二十次的再接再厉，才得到最后的成功。有时看到它的努力已成绝望，才肯跑回去另找平坦的路。

有的时候，蜣螂好像是在同一个朋友合作，这种事情是常常遇到的。当一个甲虫的球已经做成，它离开一起工作的伙伴们，把收获品向后推动。一个将要开始工作的邻居，忽然抛下工作，跑到这滚动的球边来，助球主人一臂之力。它的帮助按说应当是被欣然接受的。但它并不是真正的伙伴，而是一个强盗。它知道自己做成圆球需要一段艰苦耐心的工作，而偷窃一个已经做成的，或者到邻居家去吃顿现成的饭，那就容易多了。有的甲虫贼，用很狡猾的手段，有的简直施用武力。

有时候，一个盗贼从上面飞来，猛将球主人击倒，自己蹲在球上，前腿交叉在胸前，静待抢夺的事情发生，预备相打。如果球主人起来抢球，这个强盗就给它一拳，把它打得四脚朝天。于是主人

蜣　螂

有时蜣螂好像是在和一个朋友合作。

又爬起来，推摇这个球，球滚动了，强盗也许因此滚落。那么，接着就是一场角力比赛。两个甲虫互相扯扭着，腿与腿相绞，关节与关节相缠，它们角质的甲壳互相冲撞、摩擦，发出金属相锉的声音。胜利者爬到球顶上，失败的，被驱逐几回后，只有跑开去重新做自己的小弹丸。有几回，我看见第三个甲虫出现，向强盗抢劫这个球。

但也有时候，做贼的还会牺牲一些时间，利用狡猾的手段。它假装帮助这个被骗的搬运食物，经过生满百里香的沙地，经过有深车轮印的和险峻的地方，但是实际上它用的力很少，只是坐在球顶上不做什么事，到了适宜于收藏的地点，主人就开始用它边缘锐利的头和有齿的腿向下开掘，将沙土抛向后方，而这时那贼却抱住那球装死。土穴愈掘愈深，工作的甲虫陷下去看不见了。即使有时它到地面上来观望一下，它看见球旁睡着的安稳不动，也就很放心了。但是主人离开的时间久些，那贼就乘这个机会，很快地将球推走，跑得同小偷怕被人捉住一样快，假使主人追上了它——这也是常有的事，它就赶快变更位置，好像只是因为球因故向斜坡滚下去了，它仅是想阻止住它。于是两个又将球搬回，若无其事一样。

假使那贼安然逃走了，主人失去了艰苦做起来的东西，只有自认晦气。它揩揩颊部，吸点空气飞去，重新另做圆球。

最后，它的食品终于平安地储藏好了。储藏室位置在软土上掘成的浅穴里，面积有拳头大小，有短道通到地面，宽度恰好可以容一个球。食物一推进去，它就用一些废物堵塞住门口，把自己关在里面。圆球几乎塞满一屋子，山珍海味从地板上一直堆到天花板。在食物与墙壁之间留下一个很窄的小道，这些山珍海味的主人就坐在这里，数目至多两个，通常只是自己一个。神圣的甲虫就在里面昼夜宴饮，差不多一星期或两星期，没有一刻的间断。

二　梨

我已经说过，古代埃及人以为神圣甲虫的卵，是在我刚才叙述的圆球当中的。这个我已经证明不是如此。关于蜣螂卵的真实情形，有一天碰巧被我发现了。

有个牧羊的小孩子，他在空闲的时候常来帮助我。有一次，在六月里的一个星期日，他到我这里来，手里拿了一个奇怪的东西。看起来极像一只小梨，已经失掉新鲜的颜色，因腐朽变成褐色。虽然并不是精选的原料，但摸上去很坚固，样子很好看。他告诉我，这里面一定有一个卵，因为有一个同样的梨，掘地时偶然弄碎，里面藏有一颗麦粒大小的白卵。

第二天早晨，天色才亮，我就同他一起出去考察这件事。我们在新砍伐了树木的山坡上正在吃草的羊群中会合。

　　不久就找到了一个神圣甲虫的地穴，因为从积在上面的一堆新鲜泥土就可以认出来。我的同伴用我的小刀铲向地下拼命地掘，我就伏在地上，这样使我对于掘出的东西可以看得清楚些。洞穴掘开以后，我在潮湿的泥土里发现了一个精致的梨。我真是不会忘记我第一次所看见的母甲虫的奇异的工作。我发现那翡翠雕成的甲虫窠时的兴奋，即便挖掘古代埃及遗物的时候，也不过如此吧。

　　我们继续搜寻，于是又发现第二个土穴。母甲虫在梨的旁边，而且拥抱得很紧，这当然是在它永离地穴以前的一种结束工作，用不着怀疑，这个梨就是蜣螂的窠。在这一个夏季，我至少发现了一百个这样的窠。

　　梨像球一样，也是人们弃在原野的废物做的，只是原料比较精细些，因为是用来给蜣螂当食物的。当它刚从卵里孵出来，还不能自己寻找食物，所以母亲将它包在最适宜的食物中，使它可以毫不费事地立刻吃起来。

　　卵是放在梨的较狭的一端的。每个有生命的种子，无论植物或动物，都需要空气；就是鸟蛋的壳上也布着无数的小孔。假使蜣螂的卵是在梨的最厚的部分，它就要闷死了，因为这里的材料粘得很紧，还包有硬壳，所以母甲虫在一开始就预备下一间精致透气的小室，薄薄的墙壁，给它的小蛴螬居住。最初的时候，甚至在梨子的中央，也有少许空气，不过不够供给柔弱的小蛴螬之用。到了它向中央去吃的时候，已经很强壮，对于稀薄的空气已经能适应了。

梨子大的一头包上硬壳当然也是很有道理的。蜣螂的地穴是极热的，有时候温度竟达沸点。这种食物，即使只经过三四个星期，也容易干燥，变得不能吃。如果第一餐不是柔软的食物，而是石子一般硬得可怕的东西，这可怜的幼虫就没有东西吃，非饿死不可。在八月的时候，我就找到了许多这样的牺牲者，这些可怜的东西烤在一个封闭的炉内。要减少这种危险，母甲虫就拼命用它强健而肥胖的前臂，压那梨子的外层，把它压成保护用的硬皮，如同坚果的硬壳，用来抵抗外面的热度。酷热的暑天，主妇往往把面包放在紧闭的锅子里，保护它的新鲜，昆虫也同样有它自己的方法，实现同样的企图：用压力打成锅子来保藏家族的面包。

我曾经观察过甲虫在窠里工作，所以我知道它怎样做梨形的窠。

它带着收集来的建筑材料，把自己关闭在地下，一心一意从事当前的工作。材料大概是由两种方法得来的。照常例，在天然环境之下，用常法搓成一球推向适当的地点。随着向前推进，表面也随着稍变坚硬，并且粘上一些泥土和细沙，这在后来是很有用的。不久在距离收集建筑材料相近的地方，寻到可以储藏的场所，在这种情形之下，它的工作不过是捆扎材料，运进洞穴而已。后来的工作，就更稀奇了。有一天，我看见一块不成形的材料藏没到地穴中去了。第二天，我到它的作场时，发现这位艺术家正在工作。那块不成形的材料已改造成为一个梨，外形完备，而且很精致地做好了。

紧贴着地面的部分，已经敷上沙粒，其余的部分，也已磨光如玻璃，这表明它还不曾把梨子细细地滚过，不过已塑成形状罢了。它塑造时，是用大足轻击，如同先前在日光下塑造圆球一样。

我在自己的作场里，用大口玻璃瓶装满泥土，替母甲虫做成人工的地穴，并留一孔以便观察它的动作，因此我可以看到它工作的各种程序。

甲虫开始是做一个完整的球，然后环绕着梨做成一道圆环，施以压力，直至把圆环压成沟槽，做成一颈。这样，球的一端就做出一个凸起。在凸起的中央，再加压力，做成一个好似火山口的凹穴，边缘很厚；到凹穴渐深，边缘也渐薄，最后形成一个袋。包袋内部磨光以后，卵就产在这里面。包袋的口上——梨的尾端，再用一束纤维塞住。

用这样粗糙的塞子封口是有理由的；甲虫对其他的部分都用腿重重地拍过，只有这里不拍。因为卵的尾端朝着封口，假使塞子重压深入，蛴螬就会感到痛苦。所以甲虫把口塞住，却不把塞子撞下去。

三　甲虫的成长

卵产在里面约一星期或十天之后，就孵化为蛴螬，毫不迟延地立刻开始吃四围的墙壁。它聪明异常，总是由厚的部分吃起，以免弄成小孔，自己从梨里掉出来。不久它变得很肥胖；形状臃肿，背上隆起，皮肤透明，假使你拿来朝着光亮看，能看见它的内部器官。如果古代埃及人曾看见过这未曾发育的状态下的肥白的蛴螬，绝想象不到它将来会变成一个庄严美丽的甲虫。

当第一次蜕皮时，这个小昆虫还未成为完全长成的甲虫，虽然全部甲虫的形状，已经能辨认出来了。很少有其他的昆虫能比这个玲珑的小动物更美丽，翼盘在中央，像折叠起的阔领带，前腿位于头部之下。半透明并且色黄如蜜，看来真如琥珀雕成一般。这个状态保持差不多有四个星期之久，此后，重新又蜕一层皮。

这时候颜色是红白色。在变成檀木的黑色前，它还要换好几回衣服。以后颜色渐黑，硬度渐强，直到披上了角质的甲胄，才成为一个发育完整的甲虫。

这些时候，它是在地底下梨形的窠里。它很渴望冲开硬壳包裹的监牢，跑到日光之下。但它能否成功，还要看环境。

它准备解放出来的时期，通常是在八月里。八月的天气，照例是一年之中最干燥而且是最炎热的。所以，如果没有雨水来使泥土松软，要想冲开硬壳，打破墙壁，单靠这个昆虫的力量，是办不到的，它没有办法打破这坚固的壁。因为在这种天气里，最柔软的材料，也会变成一种不能通过的坚壁；烘在夏天的炉里，已成为硬砖头了。

我也曾做过这样的实验。我拿几个干硬的壳放在一个盒子里，保持干燥，或早或迟，常听见每一个壳里有一种尖锐的摩擦声，这是囚徒用它们头上与前足的耙在那里刮墙壁。过了两三天，似乎并没有什么进展。

我于是试加一些助力于它们中的一对，用小刀截开一个墙眼，但是这两个小动物也并没有比其余的更进步些。

不到两星期，所有的壳内都沉寂了。这些用尽力量的囚徒，已经死了。

于是我又拿一些别的壳，同以前的一样硬，用湿布裹起来，放在瓶里，用木塞塞好，等湿气浸透，才将裹的湿布拿开，重新放在瓶子里。这一次实验完全成功，壳被潮湿浸软后，就被囚徒冲破了。它勇敢地用腿支持身体，把背部用作一条杠杆，认定一点顶撞，直到墙壁破裂成为碎片。在每次这样的实验里，甲虫都能解放出来。

在天然环境之下，这些壳在地下的时候，情形也是一样的。当土壤被八月太阳烤干，硬得像砖块，这些昆虫要逃出牢狱，就不可能。但偶尔下过一阵雨，硬壳回复从前的松软，它们再用腿挣扎，用背推撞，这样就可得到自由。

刚出来，它不关心食物。最需要的，是享受日光。跑到阳光里，纹丝不动地在取暖。

一会儿，它要吃了。不必教它就会做了。像它的前辈一样，去做一个食物的球。也去掘一个储藏所，储藏食物，一点不用学习，它完全会做它的工作。

第三章

蝉

一 蝉和蚁

我们大多数对于蝉的歌声，总是不大熟悉，因为它是住在生有洋橄榄树的地方，但是曾读过拉·封丹寓言的人，大概都记得蝉曾受过蚂蚁的斥责吧，虽然拉·封丹并不是谈到这故事的第一人。

故事上说：整个夏天，蝉不做一点事，只是终日唱歌，而蚁则忙于储藏食物。冬天来了，蝉为饥饿所驱，只有跑到它的邻居那里借一些粮食。结果他遭了难堪的待遇。

勤俭的蚂蚁问道："你夏天为什么不收集一点食物呢？"蝉回

答道："夏天我歌唱太忙了。"

"你还唱歌吗？"蚂蚁不客气地回答，"好啊，那么你现在可以跳舞了。"它就转身不理它了。

但在这个寓言中的昆虫，并不一定是蝉，拉·封丹所想的恐怕是螽斯，而英文常常把螽斯译为蝉。

就是我们村庄里，也没有一个农民，会如此无常识地认为冬天会有蝉存在。差不多每个农民，都熟悉这种昆虫的蛴螬，天气渐冷的时候，他堆起洋橄榄树根的泥土，随时可以掘出这些蛴螬。至少有千次以上，他曾见过这种蛴螬穿过它自造的圆孔，从土穴中爬出，紧紧握住树枝，背上裂开，蜕去它的皮，变成一只蝉。

这个寓言是诽谤。蝉确实需要邻居们很多的照应，但它并不是个乞丐，每到夏天，它成阵的来到我的门外，在两棵高大筱悬木的绿荫中，从日出到日落，刺耳的乐声吵得我头脑昏昏。这种震耳欲聋的合奏，这种无休止的鼓噪，简直使人无法思索。

有的时候，蝉与蚁也确实打交道，但是它们与前面寓言中所说的刚刚相反。蝉并不靠别人生活。它从不到蚂蚁门前去求食，相反的，倒是蚂蚁为饥饿所驱，乞求于这位歌唱家。我不是说乞求吗？这句话，还不确切，它是厚着脸皮去抢劫的。

七月天气，当我们这里的昆虫，为口渴所苦，失望地在已经萎

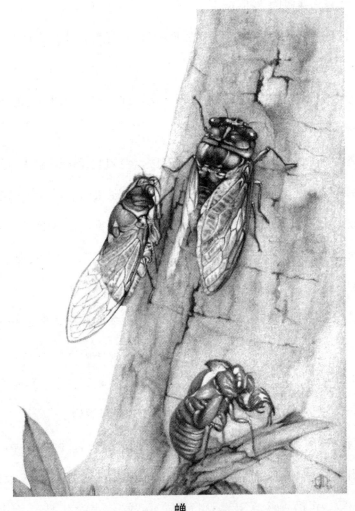

蝉

七月里，在我们这个炎热的乡村中，
大多数昆虫都为口渴所苦，而蝉还是悠然自得。

谢的花上，跑来跑去寻找饮料，而蝉却依然很舒服，不觉痛苦。用它生在胸前的突出的嘴——一个精巧而尖利如锥子的吸管，来刺饮取之不竭的圆桶。它坐在树的枝头，不停地唱歌，只要钻通坚固平滑的树皮，里面有的是汁液，吸管插进桶孔，它就可畅饮一气。

如果稍微等一下，我们也许就可看到它遭受意外的烦扰。因为邻近有很多口渴的昆虫，立刻发现了蝉的井里流出浆汁，它们起初是安静小心地跑去舐食。这些昆虫大都是黄蜂、苍蝇、玫瑰虫等，而最多的却是蚂蚁。

身材小的为了要达到这个井，就偷偷从蝉的身底爬过，蝉却很大方地抬起身子，让它们过去；大的昆虫，抢到一口，就赶紧跑开，走到邻近的枝头，当它再回转头来，胆量比开始忽然大起来，一变而为强盗，想把蝉从井边驱逐掉。

顶坏的罪犯，要算蚂蚁。我曾见过它们咬紧蝉的腿尖，拖住它的翅膀，爬上它的后背，甚至有一次一个凶悍的强徒，竟当我的面，抓住蝉的吸管，想把它拉掉。

最后，麻烦越来越多，这位歌唱家忍无可忍，不得已抛开自己所做的井，悄悄地溜走。于是蚂蚁的目的达到，占有了这个井。确实这个井干得很快；但是当它喝尽了里面所有的浆汁以后，还可以等待机会再去抢劫别的井，以图第二次的痛饮。

你看，真正的事实，不是与那个寓言正相反吗？蚂蚁是顽强的乞丐，而勤苦的生产者却是蝉。

二　蝉的地穴

我有很好的环境可以研究蝉的习性，因为我是与它同住的。七月初临，它就占据了靠我屋子门前的树。我是屋里的主人，门外它却是最高的统治者，不过它的统治无论怎样总是不很安静的。

蝉初次被发现是在夏至。在阳光曝晒、久经践踏的道路上，有好些圆孔，与地面相平，大小约如人的拇指。通过这些圆孔，蝉的蛴螬从地底爬出，在地面上，变成完全的蝉。它们喜欢顶干燥、阳光顶多的地方；因为蛴螬有一种有力的工具，能够刺透焙过的泥土与沙石。当我考察它们遗弃下的储藏室时，我必须用斧头来挖掘。

最使人注意的，就是这约一寸口径的圆孔，四边一点垃圾都没有——没有将泥土堆弃在外面。而大多数的掘地昆虫，例如金蜣，在它的窠巢外面总有一座土堆。这种区别是由于它们工作方法的不同。金蜣的工作是由洞口开始，所以把掘出来的废料堆积在地面；但蝉的蛴螬是从地底上来的，最后的工作，才是开辟门口的出路。因为门还未开，所以它不可能在门口堆积泥土。

蝉的隧道大都深达十五六寸，通行无阻，下面的地形较宽，但是在底端却完全关闭起来。在做隧道时，泥土搬移到哪里去了呢？为什么墙壁不会崩裂下来呢？谁都以为蝉是用了有爪的腿爬上爬下的，而这样却会将泥土弄塌，把自己的房子塞住的。

　　其实，它的动作，简直像矿工，或是铁路工程师。矿工用支柱支持隧道，铁路工程师利用砖墙使地道坚固，蝉同他们一样聪明，它在隧道的墙上涂上水泥。在它的身子里藏有一种极黏的液体，就用它来做灰泥，地穴常常建筑在含有汁液的植物根须上。它可以从根须取得汁液。

　　能够很容易地在穴道内爬上爬下，对于它是很重要的。因为当它可以出去晒太阳的日子来到时，它必须先知道外面的气候如何。所以它工作好几个星期，甚至几个月，做成一条涂墁得很坚固的墙壁，适宜它上下爬行。在隧道的顶上，它留着一指厚的一层土，用来保护并抵御外面气候的变化，直到最后的一刹那。只要有一些好天气的消息，它就爬上来，利用顶上的薄盖，去考察气候的情况。

　　假使它估计到外面有雨或风暴——当纤弱的蛴螬蜕皮的时候，这是一件顶重要的事情——它就小心谨慎地溜到温暖严密的隧道底下。但是如果气候看来很温暖，它就用爪击碎天花板，爬到地面上来了。

在它臃肿的身体里面，有一种液汁，可以利用它来避免穴里面的尘土。当它掘土的时候，将液汁喷洒在泥土上，使它成为泥浆，于是墙壁更加柔软。蛴螬再用它肥重的身体压上去，使烂泥挤进干土的罅隙里。所以，当它在顶上出现时，身上常有许多潮湿的泥点。

蝉的蛴螬，初次出现于地面时，常常在邻近地方徘徊，寻求适当地点——一棵小矮树，一丛百里香，一片野草叶，或者一枝灌木枝——蜕掉身上的皮，找到后，它就爬上去，用前足的爪紧紧地把握住，丝毫不动。

于是它外层的皮开始由背上裂开，里面露出淡绿色的蝉。头先出来，接着是吸管和前腿，最后是后腿与折着的翅膀。此时，除掉身体的最后尖端，整体已完全蜕出了。

然后，它表演一种奇怪的体操，它腾起在空中，只有一点固着在旧皮上，翻转身体，直到头部倒悬，皱褶的翼，向外伸直，竭力张开。于是用一种几乎不可能看清的动作，又尽力将身体翻上来，并用前爪钩住它的空皮，这个动作，把它身体的尖端从鞘中蜕出。全部的经过大概要半小时之久。

在短时期内，这个刚得到自由的蝉，还没十分强壮。在它的柔弱的身体还没具有精力和漂亮的颜色以前，必须在日光和空气中好好地沐浴。只用前爪挂在已蜕下的壳上，摇摆于微风中，依然很脆弱，依然是绿色的，直到棕色出现，才同平常的蝉一样。假定它在早晨九点钟占据了树枝，大概在十二点半，扔下它的皮飞去。那壳挂在枝上有时可以经过一两月之久。

三　蝉的音乐

蝉似乎是由于自己的喜爱而唱歌的。翼后的空腔里带着一种像钹一般的乐器。它还不满足，还要在胸部安置一种响板，以增加声音的强度。有种蝉，为了满足音乐的嗜好，确实做了很多的牺牲。因为有这种巨大的响板，使得生命器官都无处安置，只好把它压紧到身体最小的角落里。为安置乐器而缩小内部的器官，这当然是极热心于音乐的了！

但是不幸得很，它这样自鸣得意的音乐，对于别人，完全不能引起兴趣。就是我也还没有发现它唱歌的目的。通常的猜想，以为它是在叫喊同伴，然而事实证明这个见解是错误的。

蝉与我比邻相守差不多十五年，每个夏天，将近两个月之久，它们总不离我的眼帘，而歌声也不离我的耳畔。我通常都看见它们在筱悬木的柔枝上，排成一列，歌唱者和它的伴侣相并而坐。吸管插到树皮里，动也不动地狂饮。夕阳西下，它们就沿着树枝用慢而稳的脚步旋转，寻找最热的地方。无论在饮水或行动时，它们从未停止歌声。

所以这样看起来，它们并不是叫喊同伴。因为你不会费时几个月，站在那里去呼喊一个正在你身旁的人。

其实，照我想，就是蝉自己也不曾听见它这种兴高采烈的歌声。不过是想用这种强硬的方法，强迫别人去听而已。

它有非常清晰的视觉。它的五只眼睛，会告诉它左右以及上方有什么事情发生；只要看到有谁跑来，它立刻停止歌声，悄悄飞去。然而喧哗却不足以惊扰它，你尽管站在它的背后讲话，吹哨子，拍手，撞石子，它都满不在乎。要是一只麻雀，就是比这种声音更轻微，即使它没有看见你，一定也会惊慌地飞去。这镇静的蝉却仍然继续发声，好像没有事一样。

有一回，我借来两支农民在节日用的土铳，里面装满火药，就是最重要的喜庆事也只用这么多。我将它放在门外的筱悬木树下。我们很小心地把窗开着，以防玻璃震破。在头顶树枝上的蝉，不知道下面在干什么。

我们六个人等在下面，热心倾听头顶上的乐队受到什么影响。砰！枪放出去，声如霹雳。

一点没有关系，它仍然继续歌唱。没有一个表现出一些扰乱的情况，声音的质与量也没有些微的改变。第二枪和第一枪一样，也不发生影响。

我想，经过这次实验，我们可以确定，蝉是听不见的，好像一个极聋的聋子，它完全不觉得它自己所发的声音！

四 蝉的卵

普通的蝉喜欢产卵在干的细枝上，它选择那最小的枝，像枯草或铅笔那样粗细；而且往往是向上翘起，从不下垂，差不多已经枯死的小枝干。

它找到了适当的细树枝，即用胸部尖利的工具，刺成一排小孔——这些孔好像用针斜刺下去，把纤维撕裂，把它微微挑起。如果它不被打扰，一根枯枝上，常常刺成三十或四十个孔。

它的卵就产在这些孔里的小穴中。这些小穴是一种狭窄的小径，一个个的斜下去。每个小穴内，普通约有十个卵，所以总数约在三四百之间。

这是一个昆虫的很好的家庭。然而，它之所以产这许多卵，是因为防御一种特别的危险必须要产生大量的蝼蛄，预备被毁掉一部分。经过多次的观察，我才知道这种危险是什么。是一种极小的蚋，它如果和蝉比较起来，蝉简直是庞大的怪物。

蚋和蝉一样，也有穿刺工具，位于身体下面近中部处，伸出来时和身体成直角。蝉卵刚产出，蚋立刻企图把它毁坏。这真是蝉的家庭灾祸！大怪物只需一踏，就可轧扁它们，然而它们竟镇静异常，毫无顾忌，置身在大怪物之前，这真是令人惊讶。我曾见过三个蚋按顺序地待在那里，同时预备掠夺一个倒霉的蝉。

蝉刚装满一小穴的卵，又到稍高的地方，另做新穴。蚋立刻来到这里，虽然蝉的爪可以够到它，然而它很镇静，一点不害怕，如同在自己的家里一样，在蝉卵之上，加刺一孔，将自己的卵产进去。蝉飞去时，它的孔穴内，多数已混进了别人的卵，这能把蝉的卵毁坏。这种成熟很快的蛴螬，每个小穴内一个，就以蝉卵为食，代替了蝉的家庭。

几世纪的经验，这可怜的母亲仍一无所知。它的大而锐利的眼睛，并非看不见这些可怕的恶人，不怀好意地待在旁边。它当然知道敌人跟在后面，然而它仍然无动于衷，牺牲自己。它要轧碎这些坏种子非常容易，可是它竟不能改变原来的本能，解救它的家庭，避免破坏。

从放大镜里，我曾见过蝉卵的孵化。开始很像极小的鱼，眼睛大而黑，身体下面，有一种鳍状物，由两个前腿联结而成。这种鳍有些运动力；帮助蛴螬走出壳外，并且帮助它走出有纤维的树枝，这是比较困难的事情。

鱼形蛴螬一出穴外，即刻把皮蜕去。但蜕下的皮自动地形成一种线，蛴螬靠它能够附着在树枝上。它在未落地以前，先在此洗日光浴，踢踢腿，试试自己的筋力，有时却又懒洋洋地在绳端摇摆着。

它的触须现在自由了，左右挥动；腿可以伸缩，在前面的爪能张合自如。身体悬挂着，只要有一点微风，就动摇不定，在这里为它将来的出世做好准备。我所看到的昆虫中再没有比这个更具奇观的了。

不久，它落到地上来了。这个像蚤一般大的小动物，在它的绳索上摇荡，以防在硬地面上摔伤。身体渐渐在空气中变硬，现在它投入严肃的实际生活中了。

这时，在它面前危险重重。只要有一点风，就能把它吹到硬的岩石上，或车辙的洪水中，或不毛的黄沙上，或坚韧得无法钻下去的黏土上。

这个弱小的动物，很迫切地需要隐蔽，所以必须立刻到地底下寻觅藏身的地方。天气冷起来了，迟缓就有死亡的危险。它不得不四处找寻软土；没有疑问，许多是在没有找到以前就死去了。

最后，它寻找到适当的地点，用前足的钩，扒掘地面。从放

大镜中，我见它挥动斧头，将泥土掘出抛在地面。几分钟后，一个土穴就挖成了，这小生物钻下去，埋藏了自己，此后就不再出现了。

未长成的蝉的地下生活，至今还是未知的秘密，不过在它未长成来到地面以前，地下生活所经过的时间我们是知道的。它的地下生活大概是四年。以后，日光中的歌唱是不到五星期。

四年黑暗中的苦工，一个月日光下的享乐，这就是蝉的生活。我们不应当讨厌它那喧嚣的凯歌，因为它掘土四年，现在才忽然穿起漂亮的衣服，长起可与飞鸟匹敌的翅膀，沐浴在温暖的日光中。什么样的钹声能响亮到足以歌颂它那得来不易的刹那欢愉呢？

第四章

螳　螂

一　打　猎

在南方有一种昆虫，与蝉一样，很能引起人的兴趣，但因为它不能歌唱，所以不像蝉那样出名。它在形状与习性方面都很不寻常，如果它也有一种钹，它的声誉，一定会远超过那有名的音乐家。

多年以前，在古希腊时期，这种昆虫叫作螳螂，或先知者。农民们看见它半身直起，威严端庄地立在太阳照着的青草上，宽阔的轻纱般的薄翼，如披风拖曳着，前腿形状像臂，伸向半空，好像是在祈祷。在当时的农民看来，它好像一个女尼，所以后来，就被人称为祈祷的螳螂了。

这个错误再大没有了！那种虔诚的态度是骗人的。高举着的祈祷的手臂，是最可怕的利刃，任何东西经过，就用它来捕杀。它真是凶猛如饿虎，残忍如妖魔。它是专吃活动物的。

从外表上看来，它并不可畏，而且还相当美丽，有纤细而娴雅的外形，淡绿的色彩，轻薄如纱的长翼。颈部是柔软的，头可朝任何方向自由旋转。只有这种昆虫能随心所欲地向各方面凝视。它差不多可以说具有一个完整的脸。

娴雅的身体，和前足残杀的机械，两者间的差异，真是太大了。它的腰部，非常长而有力；大腿更长，下面有两排锋利的锯齿。在锯齿之后，再有三个大齿。总之，大腿像一把具有两排刀口的锯，折叠起来时，腿放在这中间。

小腿也是一把两排刀口的锯子，锯齿比大腿还要多。末端还有尖锐如针的硬钩，和一个双刃刀，像弯曲的修枝剪。我对于这钩，有许多痛苦的记忆。好几次，我去捕捉时，被这种昆虫抓住了，无法解脱，只有请别人来解救。在我们这种地方，没有比螳螂还要难捉的昆虫了。它用镰钩钩你，用齿刺你，用钳子夹住你；假使你打算捉活的，简直使你无法招架。

平常休息时，它把捕捉机缩在胸次，看来非常平和，你可以说

螳　螂

很久以前，在古希腊时代，这种昆虫就叫作螳螂或先知者。

它是祈祷的昆虫。可是只要有任何昆虫经过，祈祷的相貌立刻消失。捕捉机的三部分顿时伸开来，俘虏被捕于利钩之下，更压在两条锯子之间。钳子夹紧了，一切都完了。蝗虫、蚱蜢，甚至其他更强壮的昆虫，都不能脱逃这四排齿的宰割。

在原野里详尽地研究螳螂的习性，是不可能的，所以不得不把它拿到室内来研究。只要供给它多量的新鲜食物，它就能在一个盛满沙土、铜丝网盖住的盆中，很快乐地生活。因为要试验它的筋力和胆量究竟有多么大，我不仅供给它活的蝗虫与蚱蜢，而且供给最大的蜘蛛。下面就是我所见的情形。

一只不知危险的灰色蝗虫，向螳螂迎面行去，后者痉挛地颤动了一下，于是突然间做出一个非常惊人的姿势，使蝗虫充满了恐惧。那种怪相任何人看了也会吓一跳。翅盖开了，翅膀极度地张开，并且直立如船帆，竖在背上，身体的上端弯曲，像一条曲柄的杖，起落不定，并且发出像毒蛇喷气的声音。全身重量都放在四只后足上，身体的前部完全竖起来。杀人的前臂张开，下面露出黑白的斑点。

螳螂在这种奇怪的姿势下，一动不动地站着，眼睛盯住了它的俘虏。蝗虫稍微移动，螳螂即转动它的头。这种举动的目的很显明，是要将恐惧心理纳入牺牲者的心窝深处，在未攻击以前，就使它因恐惧而瘫痪。此时，螳螂在装怪物哩！

　　这个计划完全成功。蝗虫看见怪物当前，当时就丝毫不动地谛视着它；它原是很会跳的，居然想不起逃走，只是傻呆呆地伏着，甚至莫名其妙地向前移近。

　　当螳螂可以够得着的时候，就用两爪重击，两条锯子重重地压紧，这个可怜虫抵抗也无用了。于是残暴的魔鬼就开始嚼食。

　　蜘蛛在捕捉敌人时，先猛刺它的敌人颈部，使之受毒而不能抗御。螳螂也是用同样的方法攻击蝗虫，首先在颈部重击，消灭它转动的能力。这种方法，能捕食同自己一样大的，甚至比自己更大的昆虫。不过最奇怪的，就是这贪食的昆虫，竟能吃这么多的食物。

　　掘地的黄蜂们常常受到它的拜访。它常在它们地穴的附近，等待一箭双雕（就是黄蜂和它所带回来的俘虏）的好机会。有时等了好久也等不到，因为黄蜂已疑虑而有戒备，但是终于捉到一个不当心的。螳螂突然把双翼鼓动得沙沙作响，冷不防使这个粗心的黄蜂吓得一怔，趁这个当儿，螳螂猛地一扑，于是就把它逮进双锯口的捕捉器——螳螂的带锯齿的前臂和带锯齿的上臂中了。这个牺牲者于是就被一口一口地啮食。

　　有一次，我看见一只吃蜜蜂的黄蜂，刚带了一只蜜蜂回到储藏室，受到螳螂的攻击而被捉。黄蜂正在吃蜜蜂嗉袋里的蜜，而螳螂的双锯，不料竟加到它的身上，但是恐怖与痛苦，竟不能使这馋嘴的小动物停止吸食，甚至它自己正在被吞食，它还在继续舐食蜜蜂的蜜。

这种凶恶魔鬼的食物，不只限于别种昆虫。它的气概虽然很神圣，却是个自食其类者。它满不在乎地吃它的姊妹，好像吃蚱蜢一样；而围绕在旁边看着的，也没有什么反抗，竟在预备一旦有机会也来做同样的事。甚至它还有吃丈夫的习惯，把丈夫的头颈咬住，一口一口地吃，直到剩下两片翅膀。

据说狼是不吃同类的，它比狼还要坏十倍。

二 它的窠

话说回来，螳螂也有它的优点。它能做精美的窠。

这种窠，在有太阳光的地方随处可以找到。如石头、木块、树枝、枯草上，甚至在一块砖头、一条破布，或者旧皮鞋的破皮上。任何东西，只要有凸凹的面、可做坚定的基础的，都可以在上面做窠。

窠的大小约一二寸长，不足一寸宽，颜色金黄如一粒麦，由多沫的物质做成。不久它渐成固体，逐渐变硬，烧起来像丝的气味。形状据所附着的地点而不同，但是面上总是凸起的。整个窠大致可分三道地带，当中一部分是由小片做成，排列成双行，如屋瓦一样地重叠着。小片的边沿，都有缺口，形成两行裂缝，是做门路用的。

小螳螂孵化时，就从这里跑出来。至于别的墙壁，都是不能穿过的。

卵在窠内一层一层地排列着，每层都是卵的头端向门口。刚才我已说过，门有两行。一半的蚰蟖从左门出来，其余则由右门。

有一个可注意的事实，就是母螳螂建造这很精致的窠时，正是在生卵的时候。它身体内能排泄出一种黏质，同毛虫排泄的丝液相仿，与空气混合以后，可以变成泡沫。它用身体顶端的小勺，将它打起泡沫，像我们用叉打鸡蛋白一样。这种泡沫是灰白色，和肥皂沫相似，起初是黏性的，几分钟以后，渐成固体。

螳螂就产卵在这泡沫的海中，每一层卵产出来，就盖上一层泡沫，泡沫很快地就变成固体了。

在新窠的两个出口地带，另用一层和别处似乎不同的材料封住——是一层多孔、纯净无光的粉白状的材料，和螳螂窠其他部分的灰白色完全相反。它好像面包师搅和蛋白、糖、淀粉，用作糕点外衣的混合物一样。这种雪白的外盖，很容易破碎脱落。脱落的时候，窠的出口地带以及那两行小片，完全可以看出。风雨不久就将它侵蚀成碎片脱去，化为乌有，所以旧窠上就看不见它的痕迹了。

这两种材料，外表虽不相同，实际上只是同样原质的两种形式。螳螂用它的勺打扫泡沫的表面，撇取浮皮，做成一条带似的，覆在窠的背面，看起来像冰霜的带，其实仅仅是粘在泡沫的最薄最轻的部分，所以看去比较白些。道理是它的泡沫比较细巧，光的反射力比较强而已。

这真是一部奇怪的机器，它能很快很有方法地做成一种角质的物质，第一批的卵就产在这上面。卵、保护用的泡沫、门前的柔软糖样的遮盖物，都能制出，同时并能做成一种重叠着的薄片和通行的小道！在这个时候，螳螂却在窠的根脚上立着一动都不动。对于背后造起的建筑物，连一眼都不看。它的腿，对于这件事一点都没有做什么，完全是这部机器自己做成的。

母亲的工作成功后，就跑走了。我总希望它回来看看，对这些新出生者表示一些温情。然而显而易见的，这对于它竟无甚兴味了。

所以我觉得螳螂是没有心肝的，它吃它的丈夫，还要抛弃子女。

三 螳螂卵的孵化

螳螂卵的孵化，通常都在太阳光下，大约在六月中旬上午十点钟的时候。我已经告诉过你们，这个窠只有一部分可以做这小蚱蜢的出路，就是环绕着中央有一带鳞片的地方。每片的下面，慢慢地可以看见一个微带透明的小块，接着是两个大黑点，那就是小动物的眼睛。幼小的蚱蜢，缓慢地在薄片下滑动，差不多已有一半被解放。

它的颜色黄而带红，并有一个胖大的头。从它外面的皮肤下，非常容易辨别出它的大眼睛，嘴贴在胸部，腿紧贴在腹部。除掉这些腿以外，全部都令人联想到方才离壳的蝉的初期状态。

像蝉一样，为了方便与安全，幼小的螳螂刚到世界上来，实有穿上外套的必要。它从窠中狭小弯曲的道路出来，假使完全将足伸开，实在不可能。因为身上装备的高跷、杀戮的长矛、灵敏的触须，将要阻碍它的道路，使它不能出来。所以这小动物刚刚出现时，身上包裹着襁褓，形状如一只船。

当蛴螬在窠中薄片下刚刚出现，它的头逐渐变大，直到形如一粒水泡。小动物不停地一推一缩地努力解放自己，每一回动作，头就变大一些。最后胸膛上部的外皮破裂，于是它更摆动、挣扎、弯扭，决定脱去这件衣衫。结果，腿和触须先得解放，再加几次摇动，这个企图，就完全成功了。

几百只小螳螂，同时拥拥挤挤地从窠里出来，确是一件奇观！当其他的蛴螬没有成螳螂的形态出现以前，我们很少见有一个单独的小动物露出它的眼睛。好像有信号传递一样，非常之快，所有的卵差不多都同时孵化，一刹那间，窠的中部，顿时挤满小蛴螬，狂热地爬动，摆脱掉外衣。然后它们跌落，或爬到附近的枝叶上。几天以后，又一群蛴螬出现，就这样继续到全体的卵都孵化。

　　然而很不幸！这些可怜的小蛴螬竟孵化到一个满布危险的世界上。我好多次在门外围墙内，或幽闭的暖房中，看到它们孵化。我总希望能好好地保护它们。然而至少有二十次以上，我总看到蛴螬们横遭杀戮的残暴景象。螳螂虽然产了许多卵，但是它的数目还不足以抵御候在旁边等待蛴螬出现的杀戮者。

　　它们最厉害的敌人，要算蚂蚁。我每天都看见它们来到螳螂的窠边，我的能力常常不能驱逐它们，因为它们常常占了上风。可是它们很难跑进窠里，因为四周的硬墙，形成了坚固的壁垒，不过它们总是在门外等候着俘虏。

　　只要小蛴螬一出门口，立刻就被蚂蚁擒住，拉去外衣，切成碎片。你可以看见只能用乱摆以保护自己的小动物与大队来掳掠它们的凶恶强盗间的可怜的挣扎。一会儿，这场屠杀过去了，所剩下来的，只是这繁盛的家庭中碰巧能逃脱残生的少数几个而已。

　　这是很奇异的，作为昆虫的对头——螳螂，在生命的初期，本身也要牺牲于昆虫中最小的蚂蚁。这恶魔眼睁睁看着它的家庭被矮小的侏儒所吃。不过这种情形并不是长时期的。幼虫与空气接触后不久，就强壮起来，能够自卫了。它在蚂蚁群中快步走过，经过的地方，蚂蚁都纷纷跌倒，不敢再攻击它了。它前臂放置在胸前，作自卫的戒备，骄傲的态度将它们吓倒了。

　　但是螳螂还有其他不容易被吓退的敌人。那就是居住在墙壁上的小灰蜥蜴，它对于螳螂恐吓的姿势，是满不在乎的。它用舌尖，一个一个舐起逃出蚂蚁虎口的小昆虫。虽然一个不满一嘴，但是从壁虎的表情看来，味道却是非常之好。每吃一个，眼皮总是微微一闭，确是一种极端满足的表示。

　　不仅如此，甚至卵未发育以前，已经在危险之中了。有一种小的野蜂，随身带着一种刺针，其尖利可以刺透硬化的泡沫的窠，因此，螳螂的后嗣，与蝉的子孙一样，遭受到相同的命运。这位外来的客人，产卵于螳螂窠中，其孵化也较主人的卵早些，于是后者的卵，就被侵略者所食。假使螳螂产卵一千枚，大概能不遭毁灭的，恐怕只有一对而已。

　　螳螂吃蝗虫，蚂蚁吃螳螂，鹩鸟吃蚂蚁。然而到了秋天，鹩鸟吃蚂蚁吃得肥了，我就吃鹩鸟。

　　大概螳螂、蚱蜢、蚂蚁，甚至其他更小的动物，都能增加人类的脑力。用一种奇怪而不可见的方法，供给我们思想之灯一滴油料。它们的精力慢慢地发达、积蓄，然后传送到我们的身上，流进我们的脉络里，滋养我们的不足，我们的生存是建筑在它们的死亡上。世界本是新陈代谢的。因为旧的结束，新的才能开始；因为各种东西的死，所以各种东西就得以生。

很多年来，人们以一种出于迷信的敬畏态度来对待螳螂。在普罗旺斯，认为它的窠是治冻疮的灵药。当地的人将它劈开两半，挤出浆汁，擦在痛楚的部分。农民们断言它功效如神。然而，我自己从来没感觉到它有什么功效。

同时，也有人盛赞它治牙痛非常有效。假使你有了它，你就不必怕牙痛了。妇女们在月夜收集它，很当心地收藏在碗橱的角落里，或者缝在袋里。假使邻居们有牙痛的，就跑来借。她们叫它为"铁格奴"。

肿了脸的病人说道："请你借给我一些'铁格奴'，我很痛呢！"于是另外一个赶快放下针，拿出这宝贵的东西来。

她对她的朋友，很慎重地说："无论如何，你可千万别把它丢了，我只有这一个了，再说现在也不是有月亮的日子。"

农民们这种心理是简单的、迷信的，但是十六世纪的一个英国医生兼科学家甚至又进一步，他告诉我们，在那个时候，假使小孩子迷了路，他可以问螳螂指点他。并且这位科学家说："螳螂会伸出它的一足，指点他正确的路，而且很少甚至从不错误的。"

第五章

萤

一　它的外科器具

很少虫类像发光的蠕虫这样有名的，这个稀奇的小动物尾巴上挂了一盏灯，以祝生活的快乐。我们即使没有看见过它像由满月落下来的一颗火星似的，在青草中遨游，至少它的名字我们全都听说过的。古代希腊人叫它为亮尾巴，最近科学家给它一个名字叫作"蓝披里斯"。

事实上，萤无论如何不是蠕虫，就是在外表上也不对。它有六只短足，且能知如何使用，它是真正的闲游家。雄的到了发育完全的时候，生有翅盖，像真的甲虫。雌的不引人注意，它对于飞行的快乐，一无所知，终身在幼虫状态，永远保持不完全的形状。就是在这个状态中，蠕虫的名词也很不得当。我们法国人常用"像蠕虫一样的精光"一句话来表示一点保护的东西都没有，而萤却是有衣服的；就是说，它有外皮用以保护自己，而且还是色彩斑斓的。它是深棕色的，胸部微红，身体每一节的边沿，点缀着两粒鲜红的斑点。蠕虫是从不穿像这样的衣服的。

虽然如此，我们还是继续叫它发光的蠕虫，因为这个名字是全世界人所共知的（为了我国读者的方便，以后我们统称萤——译者）。

萤最有趣味的两个特点是：一，取得食物的方法；二，尾巴上有灯。

一位研究食物的法国著名科学家曾说过："告诉我，你吃的什么，那么我就能知道你是什么。"

同样的问题应该对任何昆虫提出——任何一种昆虫，我们要是打算研究它的习性的话，都可以提出同样的问题，因为食物所反映出的情况，正是一切动物生活中最主要的材料。虽然萤的外表很天真，但它却是个肉食者、猎取野味的猎人；并且打猎的方法，还很凶恶。通常它的俘虏都是蜗牛。这个事实早已被人知道；所不很知道的，只是它稀奇的猎取方法。这个方法，我在别处还不曾见过。

在它开始捕食它的俘虏以前，先给它一针麻醉药，使它失掉知觉，好像人类在施行外科手术以前，受氯仿的麻醉而失去知觉一样。它的食物，通常都是很小很小的蜗牛，还没有一个樱桃大；气候炎热的时候，在路旁枯草与麦根上，集成大群。整个夏天它们都动也不动地群伏在那里。在这些地方，我常常看到萤在吃刚被它麻醉了的失去知觉的俘虏。

但是它也常往别的地方去。阴冷潮湿的阴沟旁边，那里蔓草丛生，可以找到很多的蜗牛；在这样的地方，萤就在地上将它们杀死。在我的家里，我也可以造成这种条件，因此把它的行动观察得非常详细。

现在我就来叙述这奇怪的情形。我在大玻璃瓶中放了一点小草，里面装了几个萤和一些蜗牛，蜗牛的大小还比较适当，也不太大，也不太小。不过，我们要想看到它的动作，必须耐心地等待，最重要的是必须十分留心地看守，因为事情的发生，总是出人意料的，而且时间也不长。

一会儿，萤开始注视它的牺牲品。蜗牛照它的习性，除掉外套膜的边缘微微露出一点以外，全部都藏在壳子里面的。于是这位猎人就抽出兵器来。这件兵器极其微小，没有放大镜，简直看不见。它有两片颚，弯拢来成为一把钩子，尖利细小如一根毛发。从显微镜中，可以看见钩子上有一条沟槽。武器就是这样。

萤用它的兵器，在蜗牛的外膜上，反复地轻敲着。神气很温和，好像并不是咬，却像是接吻。小孩子互相戏弄的时候，常常用两个手指头，捏住对方的皮肤，轻轻地捻，这种动作，我们用"扭"字来表示，因为事实上近乎搔痒，而不是重捻。现在就让我们用"扭"这个字吧。在讲到动物的时候最好用简单的语言。那么我们可以说，萤是在"扭"蜗牛。

它扭得颇有方法，一点不着急，每扭一下，总停一会，好像看看发生的效力如何。扭的次数也不多，顶多五六次，就足以使蜗牛不动，失去知觉。等到吃的时候，又扭上几扭，看来较重。但是关于这个，我就不能确定为什么了。确实的，最初不多的几下，很足以使蜗牛失去知觉，由于萤的灵敏的动作，闪电一般的速度，就已将毒质从沟槽中传到蜗牛的身上了。

当然，这是不用怀疑的，蜗牛一点也不感觉痛苦。当萤只扭过四五次，我就将蜗牛拿开，用很小的针刺它，刺伤的肉一点也不收缩，生气一点也没有了。还有一次，我偶然看见一个蜗牛正在爬行的时候被萤攻击，足慢慢地蠕动，触角伸得很长。蜗牛因为兴奋乱动了几动，然后一切就静止下来，足也不爬了，身体前部也失去了温雅的曲线，触角也软了，拖垂下来，像一根坏了的手杖。从各种现象上看来，蜗牛已经死了。

然而，它并不是真正死去，我可以使它活过来。在它不生不死的两三天里，我给它施以淋浴。几天以后，给萤伤害很重的蜗牛，就恢复了原来的状态。它苏醒过来恢复了行动和知觉，如用针刺它，它立刻就知觉；足也爬动，触角也伸出来，好像并没有什么意外的事情发生过一样。一种类似沉醉的周身麻痹已经完全消失，死的已经活了。

人类科学中，外科医术上认为胜利的、使人不感觉痛苦的方法还没有发明以前，萤以及别的动物，已经实地施行好几世纪了。外科医生用嗅乙醚或氯仿的方法，昆虫则用它们的毒牙注射极小量的特别的毒药。

当我们偶一想起蜗牛无害而和平的天性，而萤却用这种特别才能去制服它，似乎有些奇怪。但是我想，我可以知道这种理由的。

假使蜗牛在地上爬行，甚至缩在壳子里，对它攻击原是轻而易举的。它壳上并没有盖，而且身体的前部完全露在外面。但是它常常置身在高处，如爬在草干的顶上，或在很光滑的石面上。它贴身在这种地方，就可以得到很好的保护。它的壳贴紧在这些东西上，等于身体加上了一个盖。不过只要有一点没有盖好，萤的钩子还是可以通过裂缝钻进去，使得它失去知觉，被安安稳稳地吃掉。

不过，蜗牛爬在草干上，是很容易掉下来的。稍微一点挣扎，稍微一点扭动，蜗牛就要移动；它落到地上，那么萤就失掉食物了。所以为稳妥起见，必须使它毫无痛楚，不致逃走；因此，一定要触得这样轻微，以免把它从草干上摇落。我想，萤有这种稀奇的外科器具的理由就是如此吧！

二 蔷薇花形的饰物

萤不独在草木的枝干上使它的俘虏失去知觉，而且也在这种危险地方去吃它。同时，它餐前的准备也是非常不简单的。

那么它吃的方法是怎样呢？真是吃吗？将蜗牛分成一片片，或者割成小碎块，然后再去咀嚼吗？我想并不如此。因为我从来没有在它们的嘴上，找到任何这种小粒食物的痕迹过。萤并不是真正的"吃"，它仅是喝而已。它将蜗牛做成稀薄的肉粥，然后才吃。好像苍蝇的吃肉的蛴螬，它能在未吞下以前先行溶化；萤先将俘虏变成流质，然后下咽。

情形是这样的。无论这个蜗牛多么大，一般总是先由一个萤去麻醉它。等到蜗牛失去知觉后，不多一刻，客人们三三两两地跑来，同主人毫无争吵，全部聚集拢来。两天之后，我如果把蜗牛翻转来，将孔朝向下面，里面盛的东西，就好像羹由锅里流出来一般。这是吃剩下来的一些无用的碎渣。

事实很明显。同以前我们看到的"扭"相似，经过几次轻轻的咬，蜗牛的肉就变成了肉粥。许多客人随意享用，每个都用一种消化素先做成汤，各吃各的。这表示萤的那两个毒牙，除了用以叮蜗牛和注射毒药外，同时也注射些别种物质，使固体的肉，变成流质，它利用这种方法，使每一口都能受用。

有时候蜗牛所处的地势非常不稳固，萤进行这个工作是非常仔细的。蜗牛关在我的瓶里，有时爬到顶上去，顶口是用玻璃片盖住的。它利用随身带着的黏液，粘住在玻璃片上，只要这种黏液少用一些，轻轻的一摇动，就足以使壳脱离玻璃，掉到瓶底下去。

萤常常利用一种爬行器——为补足腿力的不足而生长的——爬到瓶顶上，选择它的俘虏，仔细地考察它，寻到一个缝隙后，便轻轻一咬，使它丧失知觉。于是毫不迟延，开始制造肉糜，以备几天的食用。

它吃完饭，壳完全空了。然而仅涂了一点黏液的壳仍然粘在玻璃片上，并不脱下来，位置也一点没有更动。蜗牛没有经过一点抵抗，逐渐变成羹，在那被攻击的地点逐渐流干。这种细节，告诉了我们麻醉式的咬如何的有效，萤处理蜗牛的方法何等巧妙。

萤要做这些事情，如爬到悬在半空的玻璃片或草干上，必须有特别爬行的肢体或器官，使它不致滑跌下来。显然的，它的笨拙短腿是不够用的。

从放大镜里，我们可以看见它确实生有一种特别器官。在它身体下面，靠近尾巴的地方，有块白点。从放大镜里可以看出，这是由一打以上短小的肉细管或短粗的指头组成的，有时合拢成为一团，有时张开如蔷薇花形。这一堆隆起的指头，帮助萤黏附在光滑面上，同时也帮助它爬行。假使它要想吸在玻璃片或草干上，它就放开它的蔷薇花，在支撑物上张得很大，用它自己的天然黏力附着于上面，并且交互地一张一缩，就能帮助它爬行。

构成蔷薇花形的指头是没有节的，但是能向各个方向运动。事实上，它们像细管子要比指头像得多，因为它们不能拿东西，只能利用黏附力以附着在东西上面。它除掉黏附与爬行外，还有第三件用处，就是能当海绵和刷子用。饱餐以后，休息时，它用这种刷子在头上、身上到处扫刷，能够这样做，是由于它的脊柱有柔韧性。它一点一点，从身体的这一端刷到那一端，而且非常仔细，足以证明它对于这件事非常有兴趣。最初我们可能怀疑：为什么它拂拭得如此当心呢？但是很显然，将蜗牛做成肉粥，费了许多天的工夫去吃它，将自己的身子洗刷一番，确是必要的。

三　它的灯

假使萤除了用像接吻似的轻扭以行麻醉外，没有其他的才能，那么它将不会如此知名了。它还会在自己身上点起一盏灯，照耀着自己行进的道路，这是它成名的最重要的原因之一。

雌萤发光的器具，生在身体最后的三节。前两节中的每节下面发出光来，成宽带形。第三节的发光部分小得多，只有两小点，光亮从背面透出来，从虫的上下面都可看见。从这些带和点上，发出微微带有蓝色的很明亮的白光来。

雄萤只有这些灯中的小灯，就是只有尾部末节两小点；这两小点差不多萤类全族中都是有的。从幼小的蛴螬时代起，发光小点便有了，一生都不改变。它们常常无论在身体的上下面皆能看见；雌萤特具的两条阔带，仅在下面发光。

我曾于显微镜下观察过发光带。皮上有一种白色涂料，形成很细的粒形物质，这就是光的发源地。附近更有一种奇异的具有短干的器官，上面有许多细枝。这种枝干散布于发光物之上，有时深入其中。

我很清楚地知道，光亮产生于萤的呼吸器官。有些物质，当和空气混合，就发亮光，甚至燃成火焰。这种物质名为可燃物；和空气混合能发光或发焰的作用叫作氧化作用。萤的灯便是氧化的结果。形如白涂料的物质，是氧化后剩下来的东西；连接于萤呼吸器官的细管供给着空气。至于发光物质的性质，至今还没有人知道。

另一问题，我们知道得较多。我们知道萤能完全控制它随身带着的亮光。它能随意将光放大收小，或者熄灭。

假使细管中流入的空气增加，光度就变得更强；假使它高兴，将气管中空气的输送停止，那么光度就变得微弱，甚至熄灭。

刺激能够影响到气管。这精致的灯，萤的身后最后一节的小点，只要有少许刺激，立刻就会熄灭。当我想捕捉幼稚的萤时，清清楚楚看见它在草上发光，但是脚步略不经意，扰动了旁边的枝条，光亮就即刻熄灭，这个昆虫也不见了。

然而雌萤的炫耀的光带，甚至受极大的惊吓，都没有什么影响。比方说，在户外将雌萤放在铁丝笼子里，我们在旁边放上一枪，这种爆裂的声音，竟毫无结果，它们光亮如常。我用一只喷雾器将冷水洒到它们身上去，也没有一个熄去灯光；顶多光亮略停一停，而且事实上连这样也很少。我又拿我的烟斗，吹进一阵烟到笼子里，这回光亮停止得长久些。有些竟停熄了，但即刻又点着。烟散以后，那光明亮如常。假使将它们拿在手上，轻轻地一捏，只要压得不很重，它们光亮并不很减少。我们根本就没有什么方法，能使它将灯完全熄灭。

从各方面看起来，无疑的，萤自己控制着它的发光器具，随意使它明灭，不过在某一种环境之下，它就失去了自制之力。如果我们在发光之处，割下一片皮来，放在玻璃瓶试管内，虽然没有像在活萤体上那般明耀，但还是从容发光。对于发光物质来说，是并不需要什么生命来支持的，因为发光的外皮直接与空气相接触，所以也就无须通过气管而得到氧气。在含空气的水中，这层外皮的光和在空气中同样明亮，如果是煮沸过的水，空气已驱出的，光就渐渐熄灭。再没有更好的证据来证明萤的光是氧化作用的结果。

它的光白色、平静，而且看起来很柔和，令人想象到月亮里掉下来的小火花，虽然十分灿烂，然而很微弱。假使在黑暗中，我们将萤的光向一行印的字上照过去，我们很容易辨出一个个的字母，甚至不很长的字；不过光仅及于这个狭小的范围，以外就看不见了。这样的灯，不久就会令读书的人疲倦的。

这些光明的小动物，却丝毫没有家庭的感情。它们随处产卵，有时在地面，有时在草上，随便散播。产下以后，再也不去注意它们了。

从生到死，萤总是放着光亮。甚至卵也有光，蛴螬也是这样。寒冷的气候快要降临时，蛴螬钻到地下去，但不很深。假如我把它掘起来，我看到它的小灯仍然是亮着。就是在土壤之下，它们的灯还是点着的。

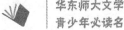
第六章

舍腰蜂

一 选择造屋的地点

喜欢在我们屋子边做窠的各种昆虫中，最能引起人兴趣的，首推一种舍腰蜂，因为它有美丽的身材、聪明的头脑，以及奇怪的窠巢。知道它的人很少，甚至它住在这家人的火炉旁边，而这家人还不知道它。这完全由于它安静平和的天性。的确，它十分隐蔽，它的主人常常不知道它住着。讨厌、吵闹、麻烦的人，却非常容易出名。现在让我来把这谦逊的小动物，从不知名中提拔出来吧！

舍腰蜂是非常怕冷的动物。在扶助橄榄树生长，鼓励蝉歌唱的温暖阳光下，它搭起帐篷。甚至有时为了它家族的温暖需要，找到我们的住所里来。它平常的栖身之所，是农夫们幽静的茅舍，门外生有无花果树，树荫盖着一口小井。它选择一个暴露在夏日的炎热之下的地点，并且如果可能，最好占有一只大壁炉，里面经常燃烧着柴枝。冬天晚上，温暖的火焰对于它的选择，很有影响，因为看到烟筒里出来的黑烟，它就知道那是个可取的地点。烟筒里没有黑烟的，它绝不信任，因为那屋子里的人一定在那里受冻。

七八月里的大暑天，这位客人忽然出现，找寻做窠的地点。它并不为屋子里一切喧吵和行动所惊扰，人们一点注意不到它，它也不注意他们。它有时利用尖锐的眼光，有时利用灵敏的触须，视察乌黑的天花板、房椽、炉台子，特别是火炉的四周。甚至烟筒的内部都要视察到。视察完毕，决定地点后就飞去，不久带着少许泥土，开始建筑住屋的底层。

它所选择的地点，各不相同，常常是很奇怪的。炉的温度最适宜于小蜂，最中意的部位是烟筒内部的两侧，高约二十寸或差不多的地方。不过这个舒服的藏身之所，也有相当的缺点。烟要喷到窠上，把它们弄成棕色或黑色，像熏在砖石上的一样。假使火焰不烧到窠巢，还不是一件最危险的事。最危险的是，小蜂会被熏死在黏土罐里。不过母蜂好像知道这些事：它总是将它的家族安置在烟筒的适当地点，那里很宽大，除了烟，别的是很难达到的。

但是，虽然它样样当心，终于还有一件危险。这件事有时会发生，就是当母蜂正在造屋，忽然炉子烟筒里起来一阵蒸汽或烟幕，使得它刚造成一半的屋子，不得不暂时、甚至全天停工。在这家主人煮、洗衣服的日子更危险。从早到晚，大锅子里不停地滚沸。灶里的烟灰，大锅与木桶里的蒸汽，混合成为浓厚的云雾。

曾听见说过，河鸟回巢的时候，要飞过磨坊坝下的大瀑布。舍腰蜂更勇敢了，牙齿间含着一块泥土，要穿过极浓的烟雾，烟幕实在太厚了，它一钻进去就失去了踪影。一种不规则的鸣声在响着，那是它在工作时唱的歌，因此，可以断定它在里边。建筑工作，在云雾里神秘地进行着。歌声停止，它又从云雾里飞回来，并没有受伤。一天都要经过这种危险好多次，直到窠筑成功，食物储藏好，大门关上为止。

屡次只有我一个人能看到舍腰蜂在我的炉灶边。并且第一次看见的时候，是在我煮、洗衣服的一天。我本来是在爱维侬学院里教书的。时间快到两点钟，再过几分钟，就要响铃催我去给羊毛工人讲课了。忽然我看见一个奇怪而轻灵的昆虫，冲过从木桶里升起的蒸汽飞出来。它身体当中的部分很瘦小，后部很肥大，在这两者之间，是由一根长线连接起来的。这就是舍腰蜂，是我第一次用观察的眼光看到的。

我非常热心地想同我的客人相熟，所以恳切地嘱咐家人，在我不在家时，不要去打扰它。事情发展的良好，胜过我所希望的。当我回家的时候，它仍然在蒸汽后面进行它的工作。因为要看看它的建筑、它食物的性质和小蜂的发育等，所以我把火熄灭了，借以减少烟量，差不多足有两小时，我很仔细地注视着它。

以后，差不多四十年来，我的屋里从未有这种客人光临过。关于它的进一步的知识，是从我邻居们的炉灶旁边得来的。

舍腰蜂好像有一种孤僻流浪的习性。和其他的一般黄蜂和蜜蜂不同，它常在一个地点筑起单独的窠，很少把它的家庭建立在它自己生活的地方。在我们南方的城市中，时常可以看到它，但是大体说来，它宁愿住在农民烟灰满布的屋子里，不喜欢住在城镇居民的雪白的别墅里。我所看到的任何地方，舍腰蜂都没有像我们村上的多，这里那些倾斜的茅屋，已经被日光晒成黄色。

事实很明显，舍腰蜂拣选烟筒做窠，并不是图自己的安适：因为在这种地点做窠，不但特别费力，而且非常危险。它完全是为了家庭的安适。因为它的家庭与其他的黄蜂和蜜蜂不同，必须有较高的温度。

我曾在一家丝厂的机器房里，见过一个舍腰蜂的窠，正造在大锅炉上面的天花板上。这个地点，除掉晚上和放假的日子，寒暑表常年是华氏一百二十度。

在乡下的蒸酒房里，我也见过许多它们的窠，便利的地方都占满了，甚至账簿堆上都有。这里的温度，与丝厂相差不远，大约是华氏一百一十三度。这表明，舍腰蜂很高兴忍受能使油棕树生长的热度。

锅和炉灶，当然是它最理想的家，但是它也很愿意住在任何严紧而温暖的角落里：如养花房，厨房的天花板，关闭的窗牖之凹处，茅舍中卧室的墙上等处。至于它建造窠巢的基础，它是不关心的。平常它的多孔的窠，都是造在石壁或木头上，但是有时我也看到它在葫芦的内部、皮帽子里、砖的孔穴中、装麦的袋边上及铅管里面。

有一次，我在爱维侬附近一个农民家里所看到的事情更令人稀奇。在一个有着极宽大的炉灶的大房间里，一排锅子煮着农民们吃的汤与牲畜吃的食物。农民们从田里回来，肚子很饿，一声不响，很快地吃着，为了贪图半小时左右的舒适，他们除了帽子，脱去上衣，挂在木钉上。吃饭的时间虽然很短促，但是给舍腰蜂占有他们的衣物，却很富余。草帽里边被它们占为建筑的适当地点，上衣的褶缝当作最佳的住所；并且建筑工作即刻开始。一个农民从吃饭桌子旁站起来，抖抖衣服，另一个拿起帽子，抖掉舍腰蜂的窠巢，这时候，它的窠已有橡树果子那样大了。

农民家里烹调食物的妇女，对于舍腰蜂毫无好感。她说，它们常常弄脏了东西。弄在天花板、墙壁及炉台上的泥污，还可去掉，但在衣类和窗幔上就不好办了。她每天必须用竹子敲窗幔。去掉它们很不容易，并且第二天早晨它们又开始很快地来做窠了。

二　它的建筑物

我同情那位妇女的烦恼，但尤其抱憾的是我不能替代她的地位。假使我能任舍腰蜂很安静地住着，我是如何地开心呢！就是把家具上弄满了泥土，也是不妨事的！我更渴想知道那种窠的命运，倘做在不稳固的东西上，如衣服或窗幔，它们将怎样！舍腰蜂的窠是用硬灰泥做成的，围绕在树枝的四周，便很坚固地附着在上面。但是它们的窠，单用泥土做成，没有水泥或坚固的基础。

建筑的材料，没有别的，只是从湿地取来的潮湿的泥土。河边的黏土最合用，但在我们多沙石的村庄里，河道非常之少。然而，我自己的园中，在种蔬菜的区域，掘有小沟，有时候，有一湾水整天地流着，于是在无事时，我可以观察这些建筑家了。

邻近的舍腰蜂很快注意到这可喜的事件，匆忙地跑来取水边这一层宝贵的泥土，不肯轻易放过这干燥季节稀少的发现。它们用下颚刮取光滑的地面上的泥土，腿直立起来，翼在振动，把黑色的身体抬得很高。主妇们在泥土边做工，把裙子小心地提起，以免弄污，然而很少能不沾上污秽。这些搬取泥土的舍腰蜂，身上竟连一点泥迹都没有。它们有自己的好方法将裙提起，那就是说，它除掉足尖及用以工作的下颚外，全身都是避开泥土的。

这样，泥球就做成功，差不多有豌豆大小。用牙齿衔住，飞回去，在它的建筑物上加上一层，于是又飞来做第二个。在一天天气最炎热的时候，只要泥土还是潮湿的，这样的工作就继续不已。

但是顶好的地点，还是村中人们常在那里饮骡子的那口古泉边。那里时时刻刻都有潮湿的黑烂泥，最热的太阳、最强的风都不能使它干燥。这种泥泞的地方，对走路的人很不方便，然而舍腰蜂却喜欢来这里，在骡子的蹄旁做小泥丸。

舍腰蜂和蜜蜂不一样。舍腰蜂不把泥土先做成胶泥，就直接拿去应用，所以它的窠造得很不结实，完全禁不起空中气候的变化。一点水滴上去，就会变软又变成了原来的泥土，一阵雨就会将它打成泥浆。它们只是干了的烂泥，一旦被水浸湿，即刻又变为烂泥了。

事实很明显，即使幼小的舍腰蜂并不如此怕冷，它的窠也很容易被雨水打得粉碎，所以必须尽可能筑在避雨的处所。这就是为什么它喜欢在人类的屋子里，特别在温暖的烟筒里的缘故了。

在最后的粉饰——遮盖起它建筑物的各层的工作——没有完工以前，它的窠确是有它一定的美点。它由一丛小窠所组成，有时相并列成一排，形状有点像口琴，不过以互相堆叠成层的居多。有时有十五个小巢穴，有时十个，有时减少至三四个，甚至仅有一个。

巢穴的形状和圆筒差不多，口稍大，底稍小，长约一寸多，阔半寸。它的很精致的表面是仔细地粉饰过的，有一列线状的凸起，在上面横护着，像金线带上的线。每一条线，就是建筑物的一层。巢穴造好，就用泥土盖好，一层又一层，露出来成为线的形状。数一数有多少线，就可知道舍腰蜂在建筑时，来回旅行了几次。它们通常是十五至二十层；每一巢穴，这位劳苦的建筑家，大概需二十次的往返搬取材料。

巢穴的口当然是朝上的。假使罐子的口朝下，就不能盛东西了。舍腰蜂的巢穴，并不是别的，不过是一个罐子，预备盛储的食物：一堆小蜘蛛。

这些巢穴造好后，塞满蜘蛛，生下卵后就封起来，它始终保持美观的外表，直到舍腰蜂认为巢穴的数量已经够了的时候为止。于是舍腰蜂将全体的四周，又堆上一层泥土，使它坚固，用以保护。这一回的工作，做得既无计算，且不精巧，也不像从前做巢穴一样，加以相当修饰。泥带来多少，就堆上多少，只要堆积上去就算了。泥土取来便放上去，仅仅不经心地敲几下，使它铺开。这一层的包裹物，将建筑的美丽通通掩盖了。到了这种最后形状，蜂巢就像是你无意中掷在墙壁上的一堆泥。

三 它的食物

现在我们已知道食物瓶的情形是怎样的，我们必须知道它里面藏的是什么东西。

幼小的舍腰蜂是以蜘蛛为食的。甚至在同一窠巢中，食品的形状都各个不同，因为各种蜘蛛都可充作食品，只要不太大，能装进瓶里去就可以。背上有三个交叉白点的十字蜘蛛，是最常见的美食。这个理由我想很简单，因为舍腰蜂不必离家太远去游猎，并且交叉纹的蜘蛛是最易寻到的。

生有毒爪的蜘蛛，是不易捉到的危险的野味。假使蜘蛛身体很大，那么就须使出更大的勇敢和更大的技艺，才能够征服它。并且巢穴太小，也盛不下这样大的东西。所以，舍腰蜂就猎取较小的，如果它遇见一群容易长得肥胖的蜘蛛，总是拣其中最小的一个。虽然都是较小的，然而这些俘虏的身材还是差别甚大，因此大小的不同，就影响到数目的不同。在这个巢穴里盛有一打蜘蛛，而另一个巢穴，只藏五个或六个。

它专拣小蜘蛛的第二个理由是，在未将它装入巢穴之前，先要将它杀死。它突然落在蜘蛛的身上，差不多连翅也不停，就将它带走。旁的昆虫用的麻醉方法，它完全不知道，因此这个食物一经储存下来就要变坏的。幸而蜘蛛很小，一顿就可以吃完。如果是大的，只能东咬一口，西咬一口，那就一定要腐烂，毒害它窠巢里的蛴螬了。

我常常看到，它的卵全无例外都不是生在蜂巢上面，而是在储藏的第一个被俘虏的蜘蛛身上。舍腰蜂先把一个蜘蛛放在最下层，将卵产在它上面，然后再将别的蜘蛛堆在顶上。用这个聪明的法子，小蛴螬只有先吃比较陈旧的死蜘蛛，然后再吃比较新鲜的。这样，它的食物就不至因存放过久而变坏了。

卵总是产在蜘蛛身上的固定的部位，含头的一端，放在最肥的地方。这对于蛴螬很好，因为一经孵化，就可以吃最柔软最可口的食物。然而这个经济的动物，一口也不浪费掉。到吃完的时候，一堆蜘蛛一点也不剩下来。这种大嚼的生活要经过八天或十天。

于是蛴螬就开始做它的茧，这是一种纯洁的白丝袋，异常精致。为了使这个袋坚实，可以用作保护，还需要些别的东西，所以蛴螬又从身体内分泌出一种漆一般的流质。流质浸入丝的网眼，渐渐变硬，成为很光亮的漆。此时，更在茧的底面，加上一个硬的填充物，一切都安排得十分妥当。

最后成功的茧呈琥珀黄色，使人想起洋葱头的外皮。它和洋葱头有同样精致的组织，同样的颜色，同样的透明，而且也和洋葱头一样，用指头摸着会发出沙沙之声。随气候的变化，或早或晚，完全发育的昆虫就在这里面孵化出来。

当舍腰蜂在巢穴中将东西储藏好，如果我们同它开个玩笑，就显出舍腰蜂的本能是如何地机械了。穴做好后，它带来第一个蜘蛛，把它收藏起来，立时又在它身体最肥的部分产下一个卵。于是飞去做第一次旅行。趁它离开的时候，我用镊子从巢穴里将死蜘蛛与卵拿走。

我们当然想到，如果它稍有一些智慧，它一定会发觉卵失踪了。卵虽然小，然而它是放在大的蜘蛛体上的。那么，当它发现巢穴是空的，将怎样呢？它是否会很聪明地再生一个卵以补偿所失呢？事实全不是如此，它的举动非常不合理。

现在它所做的，却是又带来一只蜘蛛，泰然地将它放到巢穴里，好像并没有发生什么意外。以后又一只一只的带来。它飞去时，我都将它们拿出，因此它每一回游猎回来，储藏室总是空的。它固执地忙了两天，要装满这装不满的瓶，我也同样不屈不挠地守住了两天，

舍腰蜂

做成了的茧呈琥珀黄色，使人联想到洋葱头的外皮。

每次将蜘蛛拿出。到第二十次的收获物送来时，这猎人认为这罐子已经装够了——也许因这许多次的旅行疲倦了——于是很当心地将巢穴封起来，然而里面却完全是空的！

任何情形之下，昆虫的智慧都限于这一点。无论哪一种临时发生的困难，昆虫都是无力解决的；它对无论哪一种类，同样地不能对抗。我可以举出一大堆的例子，证明昆虫完全没有理解的能力，虽然它们的工作做得异常的完美。经过长期的经验，使我断定它们的劳动，既不是自主的，也不是有意识的。它们的建筑、纺织、打猎、杀害以及麻醉它们的捕获物，都和消化食物，或分泌毒汁一样，方法和目的完全不自知。所以我相信它们对于自己特殊的才能，完全莫名其妙。

它们的本能是不能变更的。经验不能教它们，时间也不能使它们的无意识有一丝觉醒。如只有单纯的本能，它们便没有能力去应付环境。然而环境是常常变迁的，意外的事也时常会发生。惟有如此，昆虫需要一种能力，来教导它，使它们知道什么应该接受，什么应该拒绝。它需要某种指导，这种指导它当然是有的。不过"智慧"这个名词似乎太精细一点，我预备叫它为"辨别力"。

昆虫能意识到自己的行动吗？能，也不能。假使它的行动是由于本能，就是不能。假使它的行动是辨别力的结果，就是能。

比方，舍腰蜂用已经软化的泥土建造巢穴，这就是本能，它始终是如此建造的。时间和生活的奋斗，都不能使得它模仿泥蜂用细沙水泥去建造它的巢。

它的这个泥巢需要筑在一种隐蔽的地方，才好抵抗风吹雨打。最初，大概那种石头下面可藏匿的地方就认为满意了。但是如有更好的地方，它又去占据下来，它就这样搬到人家的屋子里。这就是辨别力。

它用蜘蛛作子女的食物，这是本能。没有办法能使它知道小蟋蟀也是一样的好。不过，假使交叉白点的蜘蛛缺少了，它也不肯叫它的子女挨饿，就捉别种蜘蛛给它们吃，这就是辨别力。

在这种辨别力的性质之下，潜伏着昆虫将来进步的可能性。

四　它的来源

舍腰蜂留给我们另一个问题。它找寻我们火炉边的温暖，因为它的窠是用软土建筑的，会被潮湿弄成泥浆，必须找干燥的隐蔽地方，热也是必要的。

它是不是一个侨民？或许它是从非洲的海边迁来的？从有枣树的陆地来到有洋橄榄树的陆地的吗？如果这样，自然它就觉得我们这里的太阳不够暖，需要找寻火炉旁的人工温暖了。这就可以解释它的习性，为什么和别种避人的黄蜂类有如此的不同。

在它未到我们这里做客以前，它的生活是怎么样的呢？在没有房屋以前，它住在什么地方？没有烟筒的时候，它把蛴螬藏匿在哪里的呢？

也许，当古代西里南附近山上的居民用燧石做武器，剥羊皮做衣服，用树枝和泥土造屋的时候，这些屋子也已老早有舍腰蜂的足迹了。也许它们的窠就筑在破盆里，那是我们的祖先用手指取黏土做成的，或在狼皮及熊皮做的衣服褶缝里。我很怀疑，当它们在用树枝和黏土造成的糙壁上做窠的时候，它们所拣选的地点是否靠近屋顶那个用以出烟的洞呢？这虽和我们现在的烟筒大不同，但不得已时也可应用！

假使舍腰蜂那时确与最古的人类同居在这里，那么它见到的进步就真不小了。它得到文明的利益也真正不少：它已将人类增进的幸福变成自己的。当我们想出在屋里装设天花板的法子，并且发明了烟囱以后，我们可以想象到这个怕冷的动物在对自己说：

"这是如何适意啊！让我们在这里撑开帐篷吧。"

但是我们还要追究得更远。在小屋没有以前，在壁龛还不常见以前，在人类没有出现以前，舍腰蜂在哪里造屋呢？这问题当然不是它们独有的。燕子与麻雀，在没有窗子与烟囱以前，在哪里做窠的呢？

既然燕子、麻雀、舍腰蜂都是在人类以前就有了的，它们的劳动不能依靠人类的工作。这里还没有人类的时候，它们各个必已有了建筑的技术。

三四十年来，我常常问我自己，在那个时候舍腰蜂住在哪里的问题。在我们屋子外面，我找不到它们窠巢的痕迹。最后，耐心研究的结果，一个帮助我的机会来了。

西里南的采石场上，有很多碎石子和很多的废物，堆积在那里已有几世纪之久。田鼠在那里咬嚼橄榄和橡实，偶尔也吃一两个蜗牛；空的蜗牛壳，石下到处皆是；各种蜜蜂和黄蜂在空壳里做它们的巢穴。我搜寻这一批宝藏的时候，有三次在乱石堆中发现了舍腰蜂的窠。

这三个窠和我们屋子里发现的完全一样，材料当然是泥土，而用以保护的外壳，也是相同的泥土。这地点的危险，并没有促使此种建筑家稍稍进步。我们有时——不过很少——看到舍腰蜂的窠筑在石堆里和不靠着地的石头下面的平坦部分。在它们未侵入我们的屋子以前，它们的窠一定做在这类地方的。

然而这三个窠的形状很凄惨，经过潮湿的侵蚀和风吹日晒，已经败坏不堪，茧子也弄得粉碎。四周没有厚土的保护，蛴螬已经牺牲，

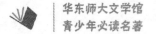
给田鼠或别的动物吃去。

这个荒凉的景象，使我怀疑在我附近，是否真是舍腰蜂建筑户外窠巢的适当地点。事实很明显，母蜂不肯这样做，并且也不致被驱逐到这样绝望的地步。同时，气候使它不能很成功地过着它祖先那样的生活。那么，我想，我们可以断言它确是一个侨民。它一定是从比较炎热而干燥的地方来的，在那里雨也不多，雪几乎是没有的。

我相信舍腰蜂是从非洲来的。很久以前，它经过西班牙和意大利到我们这里来，它不曾越过洋橄榄树地带再北去。它是非洲籍，现在归化了普罗旺斯。在非洲，据说它是常在石头下面造巢；在马来群岛，听说也有它们的同族住在屋子里。从世界的这一边到世界的那一边，它的嗜好都是一样的——蜘蛛、泥窠、人类的屋顶。假使我在马来群岛，我一定要翻开乱石头堆，并且很可能在一块平滑的石头下，发现原始位置的舍腰蜂窠。

第七章

被管虫

一 衣冠齐整的毛虫

在春天，只要有眼睛可以看的人，在旧墙与尘土飞扬的路上，总可以发现一种奇怪的东西。一捆小小的柴束，不知为什么，在自己行动，一跳一跳地向前走。无生命的变成有生命，不会动的居然能动了。这个确实很稀奇。不过假使我们近前细看一下，我们就能解开这个谜。

在会动的柴束内，有一条很漂亮的毛虫，身上饰有白与黑的条纹。大概它是在寻找食物，也许是找寻一个适当地点来化成蛾。它很怯懦地朝前急走，穿着树枝的奇异衣服，完全把身体遮住，只有头和生有六只短足的前部露在外面。只要受到小小的惊骇，它就隐藏到这层壳里去，一动也不动了。这就是一束柴枝会走路的秘密。它是"柴把毛虫"，属于被管虫一类。

为了防御气候的变化，这个怕冷而裸体的被管虫，建筑了一个可以随身携带的隐蔽所，一个移动的茅屋。在未变成蛾以前，一刻不离开这个茅屋。它很像用一种特别材料做成的隐士们穿的外衣，确实要比装有车轮的草屋好一些，多瑙山谷里的农民，穿着一种用兰草带子缚紧的羊皮外衣，而被管虫的外衣，比这种还要简陋，仅做成一件柴枝的外衣而已。这对它那么细腻的皮肤来说，等于穿上一件马毛衬衣，因此它就给这件外衣添上一层绸里子。

四月里，在我的作场——昆虫繁杂、地多沙石的哈麻司的墙上看到很多的被管虫，它们供给我十分详细的知识。它在蛰伏的状态下，不久就要变成蛾了。这是个观察它的柴草外衣的最好机会。

它是一个很整齐的东西，像一个纺锤，约一寸半长。组成这个物体的柴枝，前端固结在一起，末端是分散的，它们是这样排列着；要是没有其他较好的保护，这总可算是抵御日光与雨水的简陋的隐蔽所了。

一眼看来，真像草束。不过"草束"两字并不能正确地形容它，

被管虫

这就是一束能走的柴枝的秘密，

它是"柴把毛虫"，属于被管虫一类。

因为其中很少发现麦茎。主要的材料，是轻软、富有木髓的小枝，其次则为草叶、柏树的鳞片枝，以及各种小柴枝；最后如果缺乏中意的材料，就用干叶的碎片。

总之，小毛虫虽然喜欢采用富于木髓的材料，但是也遇到什么就用什么，只要它是轻巧、柔软、干燥、大小适当的就得了。它所用的材料完全是原来的形状，一点不改动，也不改造成为适当的长度。它用以造屋顶的板条也不曾劈过，它碰到了就把它拿来。它的工作也只不过是把它们前部固结在一起。

毛虫为了行动上的方便，特别是装上新枝时，使头与足可以自由活动，这个匣子的前部必须用一种特别的装置方法。单单是用树枝装成的匣子是不适用的，因为枝长而且硬，要妨碍这位工人的，甚至使它不能工作。它需要一个柔软的颈部，使它可以向任何方面转动。所以那些硬枝，在离开毛虫前部的相当距离处就中断，而代之以一种领圈；那里的丝里子，是用一种碎木屑来衬托做成的，一方面材料具有韧性，同时却不影响它的弯曲性。这个可以让它自由行动的领圈，非常重要，所以无论它们其他部分的工作有什么不同，而所有的被管虫都要用到它。在柴束前部，使毛虫可以自由转动颈部的领圈内部，触上去很柔软，里层是纯丝织成的网，外面包着绒状的木屑。这层木屑，是毛虫在割碎干草时得到的。

当我将草匣的外层剥去，将它一片一片地撕碎，发现有很多极细的枝干。我曾数过，大概有八十多段。在外层里面，从毛虫的这一端到那一端，我又发现同样的内衣，同前后两端显露在外面的部分相同。内衣全由坚韧的丝做成，用手拉都拉不断，这是一层光滑的丝织物，内部是美丽的白颜色，外部褐色而有皱纹，有碎细的木屑散布在上面。

然后，我们将要看看毛虫怎么样做成这件精巧的外衣了。外衣内外共有三层，按一定次序地叠在一起。第一层是极细的绫子，与毛虫的皮肤直接相接触；第二层是碎木屑做成的混合物，用来保护丝，并使之强韧的；最后一层是重叠着的小树枝的外鞘。

虽然各种被管虫都穿上三层的衣服，不过各个种族的外鞘却各有不同。譬如，有一种，我经常在六月底近屋旁的尘土飞扬的路上遇见的。它的鞘无论尺寸和安排的规律，都要比前一种高明些。外面的厚被利用很多片材料做成，如空心树干的断片、细麦秆小片、青草的碎叶。在前部，简直找不到一些枯叶的痕迹。我先前所说的那一种被管虫，所用的材料就要粗糙得多，足以妨碍美观。在背部，也没有长的突出物，长出外被之后，除却颈部不可少的领圈之外，这毛虫的全身都装在细干做的鞘里。两者大体上的分别并不很大，不过由于它完整无缺，所以显得比较美观。

还有一种身材较小、衣服穿得简单一些的被管虫，冬末时期在墙上或虬曲多节的老树，如洋橄榄树或榆树上常常有它的踪迹，实际上别的地方也有。它的鞘很小，常常不足一寸的五分之二长。它随便拾起干草，平行地粘起来，除掉丝的内鞘外，这就是它全身衣服的材料。

要比它们的衣服穿得更经济，那是很难的了。

二 良 母

假使我们四月里捉几条幼小的被管虫，放在铁丝罩内，关于它们的事实，我们可以发现得更多一点。这时它们多数是在蛹的时代等待变成蛾；有的比较活跃一些，会到铁丝格子上。它们用一种丝的小垫子把自身固定在那里，它们和我，都要等待好几个星期，才会发生新的事情。

六月底，雄的幼虫从它的鞘里跑出来，已经不是毛虫，而是蛾了。这个鞘，即一束细干，有两个出口：一在前面，一在后面。前面的一个，比较整齐，并且是很细致地做的，是永久封闭着的。它用这一端附着于支持物上，使蛹得以固定，所以孵化的蛾必须从后面的口出来。毛虫未变化成蛾之前，在鞘内先转一个身。

虽然雄蛾只穿一件简单的黄灰色的衣服，只有和苍蝇差不多大的翼，然而它异常漂亮。它们有羽毛状的触须，翼的周边挂着细须头。至于雌蛾的形状，则很少有什么特别的地方。

它从鞘里出来比别的迟几天，形状难看到极点。这个怪物就是雌蛾，没有一个人能立刻就看惯这个凄惨的景象；它的难看并不比毛虫差些。没有翅膀，一切都没有，甚至丝绒般的毛也没有。在它圆圆的有丛饰的体端，戴着一顶灰白色的帽子；在背中央每一节上有一个大的、长方形的黑斑点——它的惟一的装饰。母被管虫放弃了蛾类所有的一切美丽。

当它离开它的蛹鞘时，就生卵在里面，于是母亲的茅屋（即它的大衣）就传给它的后嗣了。它的卵产得很多，所以这件产卵的事要经过三十个小时以上。卵产毕，将门关起来，使一切都安全，免受外来的侵害。为了这个目的，某项填塞物是必要的。于是这位慈爱的母亲，在它穷苦的情况下，就利用它仅有的衣服了。就是用戴在体端的丝绒帽子，塞住门口。

最后，它所做的甚至还不止这些。它拿自己的身体来做屏障。经过一回激烈的震动，它死在这个新屋的门前，留在那里干掉。即使在死后，它还留在防地。

假使破开外面的鞘，我们可以看见里面存在蛹的外衣，除掉前面蛾所出来的地方的孔外，一些也没有损坏。雄蛾要从这狭小的隧道中出来的时候，感觉它的翼和羽毛是很笨重的负担。因此，当它在蛹的时代，拼命地朝门口蹿，跑出一半来。在撞出琥珀色的外衣后，在它的前面，出现一块开阔的场所，可以允许它飞行了。

但是母蛹不生翼也不生羽毛，就用不着这样的艰难了。它的圆筒形身体是裸露的，和毛虫没有多少分别。所以可容许它在狭道中爬出爬进，毫无困难。因此它将外衣抛在后面——抛在鞘里，作为盖着茅草的屋顶。

这是种深谋远虑的举动，足以表示它对于卵的命运的深切关心。事实上，在它脱下的羊皮纸状的袋里，它们已经好像装在桶里了。母蛾已经很有方法地将卵产在里面，直到装满。但是仅仅把它的房子与丝绒帽子传给子孙，这还不满足，最后的举动，还要把自己的皮也留给它们。

为了想安闲地来观察这事件的程序，我曾有一次从柴草的外鞘里拿来一只装满了卵的蛹袋，放在玻璃管中。在七月的第一个星期，我忽然发现我竟有了一个被管虫的大家庭。孵化得如此之快，差不多四十条以上新生的毛虫，竟在我没有看见的时候，通通穿上衣服了。

它们穿的衣服像波斯人的头巾，由光亮的白绒毛做成。讲得普通一点，像一种没有帽缨子的白棉布睡帽。不过说起来很奇怪，它们的帽子不是戴在头上，而是由它的后部直竖起来，与它的身体差不多垂直。它们在这玻璃管里很得意地跑来跑去，因为这是小动物们广大的屋子啊！因此我就想要看看这个帽子，是用哪种材料做成，织造的初步手段是什么样的。

幸运得很，蛹袋还不空。在里面，我又找到它们第二个大家庭，数目和先前已经跑出去的差不多。大概总有五打或六打卵。我把那些已经穿有衣服的毛虫拿开，只留这些裸体的新客在玻璃管里。它们有鲜红的头，身体的其他部分是灰白的，全身不足一寸的二十五分之一长。

我等待的时间并不久。第二天，慢慢地这些小动物们个别地或成群结队地离开蛹袋，用不着将这摇篮弄破，只从它们母亲在前端弄破的孔中出来。虽然它有像洋葱头般的漂亮琥珀色，但是没有一个用它做衣服的材料，也没有一个利用柔软摇床的毛绒。谁都要以为这种柔软材料，可以做成这些怕冷动物的毛毯，但是连一个都不去用它。

它们一齐冲到粗糙的柴枝鞘外面，那个是我留下来的，直接靠近装有卵的蛹袋，于是它们觉得事实很迫切了。在你未入世界和去打猎以前，第一你必须穿上衣服。所以它们全体一样迫切地去攻击这老旧的鞘，急急地穿上它们母亲的旧衣裳。

有的将它们的注意力集中在那些纵着裂开的小碎片上面，撕下柔软洁白的内层；有的很大胆，深入空茎的隧道，在黑暗中收集材料。它们的勇敢当然有报酬的，它们得到了优等的材料，织成光亮雪白的衣服。其他的，钻入它们所选择的东西，做成了杂色的衣服，雪白的颜色给黑的微粒玷污了。

小毛虫做衣服的工具就是它们的大颚，形状像剪刀，并且每一片上有五个坚硬的利齿。刀口靠得很紧，虽然很小，却可以夹剪各种纤维。从显微镜下看来，竟是一个具有机械力和合理性的奇异标本。假使羊有这样一个与它身体成比例的工具，它就可以不吃草而吃树干了。

观察这些被管虫的蛴螬，制造棉花的睡帽，很可以启发人的智慧。无论工作的过程，或它们应用的方法，都有很多值得注意的事。它们太微细了，当我用放大镜看时，非常当心，不敢呼吸，稍有一点不仔细，就可使它们跌倒，或将它们吹出。这个小东西却是具有制造毛毯技术的专家。刚刚生下一会的小孤儿，竟知道怎样从它母亲的旧衣服上剪下自己的衣服来。它的方法，我现在就要告诉你，不过开始我必须先谈一点关于它死去的母亲的事。

我已经说过铺在蛹袋里的毛绒被，很像一张鸭绒的床铺。小毛虫由卵中孵出后，就睡在上面休息一下，借以取得温暖，并准备到外面的世界中去工作。

野鸭脱下身上的绒毛，为它的子孙做成一张华丽的床；母兔剪下身上最柔软的毛，为它新生的儿女做成一张垫褥；母被管虫也做同样的事情。

那一块柔软的充塞物，给小毛虫作为温暖的被子的，是一种极精美的材料。从显微镜下，看出上面有一点一点的鳞状体，就像每个蛾子所穿的那种极细的绒毛。小蛴螬不久就要在鞘里出现，要给它们预备下一个温暖的屋子，可以在里面游息，在未入广大的世界以前，可以在里面培养精力，所以母蛾像母兔一样从自身上取下毛来。

这大概是很机械地做成的；也许是因为继续不断地在矮屋中的墙壁上摩擦，无意中造成的结果；可是我们也没有法子来证实它。甚至最谦逊的母亲也有它的先见，大概是这位有毛的蛾，在狭道中打滚跑来跑去，想将毛弄下来，给它的家庭做床铺。

有些书上说，小被管虫自有生命之始，就吃掉它们的母亲。我却始终没有看到过这种情形，而且也不知道这个说法是怎么产生的。事实上，它已经为它的家庭牺牲那么多，只留下干干的薄薄的一细条，还不够这许多小子孙们的一餐。不，我的小被管虫们，你们并不吃母亲的。我看到它们从穿上衣服，一直到开始吃食，没有一个曾有一口咬到已死的母亲身上！

三　聪明的裁缝

现在我要较详细地讲一讲小蚱蟖的衣服了。

卵的孵化在七月的前半月，蚱蟖的头部和身体的上部呈鲜明的黑色，次两节是带棕色的，其他部分全是灰灰的琥珀色。它们是精锐活泼的小生物，以急促的脚步在那里跑来跑去。

它们从孵化地点的袋里出来以后，先在从它们的母亲身上得来的绒毛堆里休息一会。在这里比它们先前所居住的袋，更空旷些、更舒适些，有些在休息，有些很忙乱，并且在练习行走。它们全体于离开外鞘以前，都在培养精力。

它们并不长久逗留在这个豪华的场所中。精力逐渐充沛，它们就爬出来散布在鞘上面。于是最迫切的工作就开始了——将自己穿着起来。以后才会想到食物，目前却只有穿衣最要紧。

当蒙坦穿上他父亲从前曾穿过的衣服时，常常说："我穿起父亲的衣服了。"如今，幼被管虫同样地穿起母亲的衣服（这"同样"必须记清，不是它的皮而是它的衣）。它们从树枝的外鞘，即我有时称作屋子、有时称作衣服的，剥取下适当的材料，给自己做衣服。所用的大都是小干中的木髓，特别是那些直着裂开来的碎片，因为它的髓是更容易取到的。

做衣服的方法倒是值得注意的，这个小动物所用的方法，真有我们很难想到的精巧。这填塞物被弄成极微小的圆球。这些小圆球怎样连接在一起呢？这位制造者需要一个支持物，一个基础；而这个支持物又不能从毛虫自己的身体上得来。这困难，被很聪明地克服了。把球集拢在一堆，依次用丝线将它一个个缚起来。你已晓得，毛虫是能从自己身上吐出丝来的，像蜘蛛能吐丝织网一样。用这种方法，做成了一个花冠，就在这一条绳子上还悬荡着一排细微的颗粒。等到够长了，这个花冠就围绕在小动物的腰上，留出六只脚，好行动自由。末梢再用丝缚住，于是形成一根圈带，围绕在蛴螬的身上。

圈带就是整个工作的起点与支持物，接着再用大颚不停地从鞘上取下木髓，固着上去，使它增长增大，最后成为完全的外衣。这些木髓或圆球，有时放在顶上，有时放在底下或旁边，不过通常多半是放在前部边缘。没有其他的设计比这个花冠的做法更好了；开始做的是平的，后来扣住像带子，围在身上。

起点工作一旦完成，纺织工作就可顺利进行下去。围带逐渐成为披肩、背心、短衫，后来成为长袍，几小时以后，完全成功一件雪白的大衣。

谢谢它的母亲的关心，小蛴螬得以免去光身跑来跑去的危险。假使它不放下旧的鞘，它们的衣服将有很大的困难，因为富于木髓的草秆和枝干不是随处可以找到的。不过，除非它暴露而死，看来迟早它们也会找到一种衣服的，因为它们能利用随便什么材料，只要能找得到。在玻璃管中，我对于这些新生的蛴螬也曾做过好几回实验。

从一种蒲公英的茎里，它毫不犹豫地掘出雪白的心髓，将它做成洁净的长袍，比它们母亲遗留下的旧衣服所做成的还要精致得多。有时还有更好的衣服，是由扫帚取得的心髓织成的。这一回的衣服上面饰有细点，像一粒粒的结晶块，或白糖的颗粒。这真是我的制造家的杰作。

我供给它们的第二种材料，是一张吸墨纸。同样地，我的小蛴螬也毫不犹豫地刮削表面，做成一件纸衣服，它们对这种材料非常高兴，当我再给它们原来的柴鞘，它们竟弃之不顾，反而选取这张吸墨纸。

对于别的，我一点东西没有给它们。然而它们并不气馁，转而匆匆地去割碎瓶上的软木塞，使其成小块；又将这些小碎块割成极微细的颗粒。它们就用这个做成一件软木渣的长袍，并且还是非常完美，就好像它们和它们的祖先过去曾利用过这种材料一样。这种新奇的材料，也许毛虫们从来没有利用过，然而它们拿来做成衣服，竟与其他材料毫无分别。

我已经知道它们能够接受任何干而轻的植物材料了，于是又用动物与矿物的材料来试试。我割下一片大孔雀蛾的翅膀，将两个裸体的小毛虫放在上面。它们两个迟疑了好久。然后其中的一个就决心去利用这块奇怪的地毯，一天工夫不到，它就穿起用大孔雀蛾的鳞片做的灰色绒衣。

第二回，我又拿来一些软的石块，软的程度，只要轻轻一碰，就能破碎到如蝴蝶翼上的粉粒。它们像钢锉屑般地闪烁，我拿四个需要衣服的毛虫，放在这粉末铺成的床上。有一个决定把自己穿着起来。它这件像彩虹一般炫耀着各种光彩的金属衣服，当然是很贵重而且华丽，只是太笨重了。在此金属物的重压之下，行走变得非常辛苦，不过东罗马帝国的皇帝在国家有大典的时候，也得如此呢！

为了事实上的需要，幼小的毛虫也不顾忌这种愚蠢的行动了。对于衣服的需要太迫切了，与其光着身子不如纺织矿物好一些。吃的问题对于它并没有像穿的重要。假使先将它饿两天，然后再抢去它的衣服，将它放在它所喜欢吃的食物——一片山柳菊的叶子上面，它一定先做一件新衣服，然后再去满足饥饿的胃肠。

对于衣服的如此需要，并不是因为对寒冷特别地敏感，而是这种毛虫的先见。别种毛虫在冬天，都是藏在厚的树叶里、地下的巢穴里或树干的裂缝里，但是被管虫却毫无掩护地过冬。所以它从有生之始，就先预防冬季寒冷的危险。

当它一受到秋雨的威胁，就开始做外层的柴鞘。起初做得很草率，参差不一的草茎和一片片的枯叶，无秩序地缀在颈部后面的衬衣上。它必须保持柔软，可让毛虫向任何方向自由转动。这些不整齐的第一批外鞘材料，并不影响建筑物后来的齐整。当长袍在前面增长起来时，那些材料便掩盖在后面了。

经过一个时候，碎叶渐渐加长，并且也更细心地选择，各种材料都直排地铺下去。铺置草茎的敏捷与精巧，实在令人惊讶。它将这些东西放在腿间，不停地搓卷，然后用下颚很紧地含住，在末端削去少许，立刻贴在长袍的尾端。它的这种做法或许是使丝线能粘得更坚固，和铅管工匠在铅管尾梢锉去一点以便焊得更结实些的意思相同。

于是，在未放到背上以前，用了颚的力量，将草管竖起，并且在空中舞动，吐丝口就立刻开始工作，将它粘在适当的地方。也不再摸索移动，一切都完成了。等到寒冷的气候来临，温暖的外鞘已经制好了。

　　不过内部的丝毡，毛虫却总觉得它不够厚。春天到来时，它利用所有的闲暇，加以改良，使它更厚密、更柔软些。就是我们拿去它的外鞘，它也不重新再制造，它只管在里子上一层层地加厚，即使面子已经没有了。这件长袍简直松软得可怜，宽松而且多皱。它既无保护，也没有遮盖。然而它认为并不要紧。此时做木工的时候已经过去，是装饰室内的时候了。它只一意修饰室内，装填铺垫房子——即衬它的长袍——而房子已经没有了。它将要凄惨地死亡，给蚂蚁咬得粉碎。这就是本能过分顽固的结果。

第八章

西班牙犀头的自制

我希望你还记得神圣的甲虫，它花费它的时间，做成既可以当食料、又可以当梨形窠巢基础的圆球。我已经指出这种形状对于小甲虫的益处，因为圆形是顶好的形式，可以保藏食物不干不硬。

经过长时期观察这种甲虫的工作，我开始怀疑我极力称赞它的本能，或许是错误了。它是否真的因为照顾它的蛴螬，而替它们预备下最柔软最适合的食物呢？甲虫把做球当成自己的职业。它要继续在地底做球不是奇怪吗？一个动物生着长而弯的腿，用于把球在地上滚来滚去很便利，无论在哪里，自然要从事自己所喜欢的职业，并不是顾及它的蛴螬。或许做成梨形仅仅是碰巧而已。

要圆满地解决这个疑问，我必须去观察一种清道的甲虫，在它日常生活中，它非常不熟悉做球的工作，然而到产卵的时候，突然改掉往常的习惯，将储藏的食物做成圆圆的一团。这表明不仅是习惯而已，乃是真的由于关心它的蛴螬，因而选择圆形做它的窠。

在我的邻近，就有这一种甲虫。它是甲虫中最漂亮最大的，虽然不如神圣甲虫的魁伟。它的名字叫西班牙犀头。

它最显著的地方，是陡斜的胸部和伸出头顶的独角。

这种甲虫圆而且短，当然不适于做神圣甲虫的运动。它的腿，长度不足以供实用，稍受惊吓，就缩在身体下面，一点不像搓滚弹丸的工具。它们发育不全的形象，缺乏柔软性，足以使我们知道，它是不能带着一个滚动的圆球行路的。

确实的，犀头的性格很不活泼。在夜晚或暮色苍茫中，它一找寻到食物，立刻就在原来地点掘下一个洞穴。那是一个粗糙的地穴，其大可藏一只苹果。在这里，逐渐纳入正在头顶上的食料，至少是堆在地穴门口的食料。很大量的食物储成乱七八糟的一堆，证明了这种昆虫的贪吃。这些积蓄可以吃多久，它就在地下待多久。等到仓库空了，它才出来重新寻找食物，然后再另掘一个洞。

它其实是一个清道夫，不过是一个肥料的收集者。在这个时候，它对于搓捏圆球的技术，显然非常外行。而且，它的短而笨的腿，看来也极其不适合这种技术。

五六月间产卵的时候到来了。这个昆虫变得非常擅长于选择最柔软的材料，为它的家庭准备食物。只要在哪里找到它认为好的，立刻就一捧一捧地抱进去埋在那里。不旅行，不搬运，也不调制。我看到这些洞穴，比它自己吃食的临时洞穴，来得宽大，而且建筑也比较精良一些。

我觉得在野外环境，要想观察仔细，很是困难，于是将它放在我的昆虫屋里，让我可以安闲地观察它。

起初，这个可怜的昆虫，因被俘房，有一些胆怯，当它做好了洞穴后，出入还很提心吊胆。然而以后，就逐渐地胆壮起来，在一夜之内，将我供给它的食物全都储藏起来。

将近一星期的时候，我掘起我昆虫室中的土，将我所见过的它藏食物的洞穴暴露出来。这是一个广大的厅堂，屋顶不整齐，地板差不多是平坦的。在角上，有个圆孔，通着斜倾的走廊，这走廊直通到土面上。这座房子——新鲜泥土掘成的大洞——的墙壁，曾很仔细地压过，足可抵抗我实验时所引起的地震。并且很容易看到这个昆虫尽其所有的技能、所有的掘地力量，来做这永久的家。至于它自己的餐室，却仅是一个土穴，墙壁做得并不很坚固。

当它从事于这大建筑时，我想，它的丈夫一定在帮助它，至少我常常看见它的丈夫和它一同在洞穴里的。我又相信它曾出力收集并储藏食物。因为两个做一件工作自然要快得多。但是一旦屋子里储藏满了，它也就退隐了。它跑回土面上来，到别处去安身，它对于家庭的住处所应做的工作就此完结了。

那么在放下去许多食物的土屋中，我所看见的是什么呢？是一大堆小土块，互相堆叠在一起吗？完全不是这样。我只看到单单一大块，一个很大的体积，除掉一条小路外，全屋都塞满了。

这一团块没有一定的形状。有的大小像火鸡的蛋，有的像普通的洋葱头；有的差不多完全是圆的，使我联想到荷兰的圆形硬酪；有的是圆形而上部微微突起。然而无论哪一种，表面都很光滑，而且有精美的曲线。

这位母亲，将一次一次带下去的很多材料，收集起来搓成一大团。它的做法是捣碎这许多小块，将它们合在一起，并踏践它们，使它们成为一个大块。好几回我曾见它在这巨大的球顶上。当然，这个球要比神圣甲虫的大得多，两个相比较，后者只是个小弹丸。它有时也在约四寸直径的凸面上徘徊，加以敲拍，使它坚固而平坦。我只有一次见过这样稀奇的景象，因为它一见我，立刻就滚向弯曲的斜坡下不见了。

一排黑纸板盖住的玻璃瓶对我很有帮助，我发现许多很有趣的事情。第一，我发现这大球的形成——常常是很整齐的，无论它的倾斜程度的差别是多么大——并不是用搓滚的方法做成的。事实我已知道，这么大的体积决不能滚进这差不多可以被它塞满的洞；而且这昆虫的力量也不能够移动这么大的东西。

我每次到瓶边看时，所得的证据都是一样的，我常常看到母甲虫爬在球顶上，摸摸这里，又摸摸那里，轻轻地敲拍，使它光滑，从来没有见过它有想移动这个球的意思。事实明确无误，制球并不采用搓滚的方式。

最后已经准备好了。面包工人将面粉团分成许多小块，每一块将来都成为面包。这犀头甲虫也是一样的做法。它用头部锐利的边缘和前足的利齿，划开圆圈形的裂口，从大块上割下它所需要的一块来。做这次工作时，一丝犹豫都没有，也不重新改做一下，或者这里加上一点，那里拿掉一点。看准以后，直截了当地切下去，它就得到适当大小的一块了。

其次，就是如何使它成形。犀头竭力将它抱在短臂里，只用压力把它做成圆块，它使人看起来是很不适于做这样工作的。它很庄严地，在不成形的一块食物上爬上爬下，向左向右、上面下面地爬，耐心地一再触摸。最后经过二十四小时以上的工作，原来满是棱角的一块，已经变成一个非常匀整的圆球，有梅子那样大小。在它狭小的技术室里，简直没有余地可以转动，这位矮胖的艺术家完成这项工作，丝毫没有在它的底部上摇动一下。经过相当的时间与耐力，它竟做成一个很匀整的圆球。如以它笨拙的工具与有限的地处而论，看来好像是不可能的。

它亲切有味地用足摩擦圆球的表面，经过很久的时间，最后它满意了。它爬到顶上，慢慢地压，压出一个浅穴来，就在这个盆样的孔穴里产下一个卵。

于是它非常当心、非常精细地将这盆子的边缘合拢来，以遮盖产下去的卵，边缘挤向顶上，使略略尖细而突出。最后，这个球就成为椭圆形或蛋形了。

这个昆虫于是又开始做第二个小块，制造的方法完全相同。余下的，又重新做第三个乃至第四个。你当然记得，神圣甲虫用很熟悉的方法只做一个梨形的窠。窠做成后卵放在里面，自己又去做别的事。犀头的行动就完全不同了。

它的洞穴中藏着三四个蛋形的球，一个靠紧一个，细小的一端向着上面。它经过长期的断食以后，谁都要以为它像神圣甲虫一样，跑出去寻找自己的食物了。实际不然，它守在那里不动，并且自钻入地下起，一点没有吃过，它也不肯去碰一碰给它的子女预备下的食物。它宁愿自己挨饿，不愿使它的蛴螬后来受到痛苦。

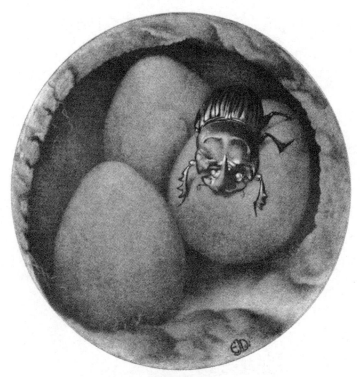

西班牙犀头

洞穴差不多被三四个卵形的窠所塞满，

它们尖端朝上，一个紧挨着一个。

它不出去的目的，当然是在看守这几个摇篮。神圣甲虫的梨因为母亲的离开而有损坏，不久就会破裂，成鳞纹并膨胀起来。相当时间后，就不成形状了。但是这种甲虫的窠，因为有母亲在守护，始终保存完好。它从这一个跑到那一个上，看看它们，听听它们，修补这一处，又修补那一处。可是我们的眼睛并看不出那里有什么缺点。它的笨拙而有角的足，在黑暗中竟比我们的视觉在日光中还要灵敏，它可以感觉得到细微的破裂，并且立刻跑过去修补一下，惟恐空气会透进去，干掉它的卵。它在摇篮间的狭道里跑出跑进，极仔细地观察。假使我们扰乱它，它就用体尖抵住翼鞘的边缘，作柔软的沙沙之声，好像不平的鸣声。它就是这样辛辛苦苦地当心它的摇篮，有时在旁边略睡一会儿。这母亲就是这样地在旁边看守着。

犀头在地下室中，享受一个昆虫所稀有的特权，就是照顾家庭的快乐。它听见它的蛴螬在壳内爬动，争取自由；它在这里亲眼看着它精心做成的窠的破裂。当这个小俘虏，伸直了腿，弯曲了背，想推开压在它身上的天花板时，母亲很可以助它一臂之力从外面打开的。既有建筑修理的本能，为什么不能毁坏它呢？然而，我不能作肯定的答复，因为我没有看见过这种事情。

或许可以说这个母虫，被关在逃不脱的瓶子里，所以守在窠中，因为它没有行动的自由。不过，假使如此，它对摩擦工作与长期的视察不感觉焦急吗？这种工作显然对于它很自然，形成它习惯的一部分了。假使它急迫地想恢复自由，它当然要在瓶中爬上爬下，毫无休止，但我却只看见它常常很安静很专心呢！

为要得到确切的真相，所以我随时去察看玻璃瓶里的情形。如果它要休息，它可以任意钻入沙土内，到处都可隐藏身体；如果需要饮食，也可以出来取得新鲜食物，然而既不是休息，也不是日光与饮食可以使它离开自己家庭片刻。它只坐镇在那里，直到最后的圆球破裂。我常见它总是坐在摇篮的旁边。

大概有四个月它不吃任何食物。它已不像起初不必照顾家庭时那样的贪嘴，这时竟对于长期的断食，有非常的自制力了。母鸡伏在它的蛋上数星期忘记饮食，母犀头忘记饮食达一年的三分之一。

夏天过去了。人类和牲畜所渴望的雨终于落下来了，地上的积水很深。于是在我们普罗旺斯酷热干燥、生命不安的夏季过去后，我们有凉爽气候来使它复活了。石南开放了它红钟形的花，海葱开放穗状的花朵；草莓树的珊瑚色果子已开始变软，神圣甲虫和犀头也裂开外层的包鞘，跑到地面上来，享受一年中最后的好天气了。

新解放出来的犀头家庭，与母亲一起来到地面。大概有三四个，最多是五个。儿子有比较长的角，容易分辨出来，女儿与母亲就很难辨别。因此，在它们自己之间，也很容易混淆。不久，又有一种突然的改变发生。从前牺牲一切的母亲，这时起对于家庭的利益，不再关心了。从此各自管理自己的家和自己的利益，彼此不相照顾了。

尽管此时母甲虫对家庭漠不关心，我们却不能因此而忘记它四个月辛苦的看护。除掉蜜蜂、黄蜂、蚂蚁，能养育儿女，关心它们的健康，直到成长之后，据我所知，再没有别的能够如此不顾自己，爱护家庭的了。她独自一个，毫无帮助，为每个孩子预备食物，并且小心修补以防破裂，使摇篮十分安全。它的情感如此浓厚，使它失掉一切欲望和忘记饮食的需要。在洞穴的黑暗里看护它的骨肉达四个月之久，看护着卵、蛴螬、未发育的甲虫和成长的昆虫。它的子女们未得解放出来以前，它绝不恢复到户外的快乐生活。我们竟从田野中笨拙的清道甲虫身上，看到了最深切的关于母性本能的例子。

第九章

两种稀奇的蚱蜢

一 恩布沙（锡兰产螳螂之一种）

海是生物初次出现的地方，到现在它的深处还有许多奇形怪状的动物，这些都是动物界最早的标本。但在陆地上，从前的奇形动物，差不多已经消灭完了。少数遗留下来的，大概都是昆虫。其中之一是祈祷的螳螂，关于它特有的形状和习性，我已经对你们说过了。另一种则是恩布沙。

这种昆虫，在它的幼虫时代，大概要算是普罗旺斯省内顶奇怪的动物了。它是一种细长的、摇摆不定的奇形的昆虫，没有弄惯的人，决不敢用手指去碰它。我的邻近的小孩，看了它奇怪的模样，留下很深的印象，他们叫它为"小鬼"。他们想象它和妖法魔鬼多少总有些关系。从春季到五月，或是秋天，有时在阳光和暖的冬天，我们常可以遇见它，但是从不成群出动。荒地上强韧的草丛和日光照耀、并有石头堆遮风的矮丛树，都是怕冷的恩布沙顶喜欢的住宅。

　　我要尽我的所能告诉你们，它看来像什么。它身体的尾部常常向背上卷起，曲向背上，成一个钩；身体的下面，也就是钩的上面，铺着带尖的叶状鳞片，排列成三行。这个钩架在四只长而细的形如高跷的腿上；每只大腿与小腿连接的地方，有一弯突出的刀片，与屠户的切肉刀相像。

　　这个钩架在四只长而细的腿上，好像一个四足凳。在凳的前面，有很长而且差不多垂直的胸部突起，形圆而细，好像一根草干。草干的末梢，有狩猎的工具，完全类似螳螂的猎具。这里有比针还要尖利的鱼叉，和一个残酷的老虎钳，生着如锯子的牙齿，上臂做成的钳口中间有一道沟，两边各有五只长钉，当中也有小锯齿。前臂做成的钳口也有同样的沟，但是锯齿比较细巧、紧密而且整齐。休息的时候，前臂的锯齿嵌在上臂的沟里。假使这部机器再大一点，那真是可怕的刑具了。

　　头部也和这武器相称。这真是一个奇怪的头啊！尖形的面孔，卷曲的胡须，巨大突出的眼睛；在它们中间有短剑的锋口。在前额，有一种从未见过的东西——一种高的僧帽，一种向前突出的精美的头饰，向左右分开，形成尖起的翅膀。为什么这个"小鬼"要这样像古代占星家戴着奇形尖帽呢？它的用途下面我们就会知道。

在这时候，这个动物的颜色是平常的，大抵为灰色，到发育后，就变成饰着灰绿色、白色与粉红色的条纹。

如果你在丛林中，碰见这奇怪的东西，它在四只长足上动荡，头部向着你不停地摇摆，它转动它的僧帽，回头偷看。在它的尖脸上，你似乎感到要遭受危险，但是如果你要想捉住它，这种恐吓的姿势，立刻就不见了。高举的胸部就低下去，竭力用大步逃走，并且它的武器帮助它握着小树枝。假使你有熟练的眼光，就很容易捉住它，把它关在铁丝笼子里。

起初，我不晓得怎样喂养它们。我的"小鬼"又很小，最多只有一两个月。我拿大小适宜的蝗虫给它们吃，我选取了顶小的一只。"小鬼"不但不要它们，而且还怕它们。任何一个茫然无知的蝗虫温和地走近它时，都受到很坏的待遇。尖帽子低下来，愤怒地一触，使蝗虫滚跌开去。因此可知，这个魔术家的帽子是它自卫的武器。雄羊用它的前额来冲撞，同样的，恩布沙用僧帽来抵触。

第二回，我给它一只活的苍蝇，这一次的佳肴它立刻接受了。

当苍蝇走近的时候，守候着的恩布沙掉转它的头，弯曲了胸部，给苍蝇猛然一叉，把它夹在两条锯子之间。猫扑老鼠也没有这样快。

使我很惊异的是，我发现苍蝇不仅可供一餐，而且足够全日之食，甚至常常可吃几天。这种相貌凶恶的昆虫，是极其节食的。我原以为它们是魔鬼，后来发现它们食量竟像病人那样的细小。经过一个时期后，就连小苍蝇也不能引诱它们了，冬天的几个月，完全是断食的。到了春天，才准备吃一些少量的米蝶和蝗虫。它们总是向俘房的颈部攻击，也和螳螂一般。

幼小的恩布沙，关在笼子里时，有一种非常特别的习性。在铁丝笼内，它的态度从最初一直到最后，都是一样的，而且是一种顶奇怪的态度。它用它四只后足的爪，紧握着铁丝倒悬着，丝毫不动，背部向下，整个身体就挂在那四点上。如果它想移动，就把前面的鱼叉张开，向外伸去，握紧另一铁丝，朝怀里拉过来。这种方法能使它在铁丝上拽动时，仍然保持着背脊朝下。于是鱼叉两口合拢，缩回来放置胸前。

这种倒悬的姿势，在我们一定会感觉很难受，然而它却能这样地维持很长时间；它在铁丝笼内，这种姿势保持到十个月以上，毫无改变。苍蝇在天花板上，确实也是采用这种姿势的，但是它有休息的时间。它在空中飞动，用平常的习惯行路，展翼在太阳光中。

恩布沙却完全相反，保留这种奇怪的姿势，达十个月以上，绝不休息。它背部朝下，悬挂在铁丝网上猎取、吃食、消化、睡眠，经过昆虫生活所有的体验，最后以至于死。它爬上去时年纪尚轻；老年时落下来，已经是一具尸首了。

最可注意的，这个习惯是只有在俘囚期内如此，并不是这种昆虫天生的习惯；因为在户外，除掉很少的时候，它总是背脊向上地立在草上。

我知道一种和这个稀奇的举动相似的行为，甚至比这个还要特别些，就是某种黄蜂和蜜蜂在夜晚休息的姿态。有一种特别的蜜蜂——生红色前脚的细腰蜂——八月底我的花园里非常之多，它们很喜欢在薄荷草上睡眠。在薄暮时，特别是窒闷的日子，风暴正在酝酿，我们一定会看到这奇怪的睡眠者睡在那里。在晚上休息时，睡眠姿势大概没有比这个更奇怪的了。它用颚咬入薄荷的茎内。方的茎比较圆茎更能握得牢固，它只用嘴咬住，身体笔直地横在空中，腿折叠着，它和树干成直角，这昆虫全身的重量，完全放在大颚上。

细腰蜂利用它强有力的颚这样睡觉，身体伸在空中。如果拿动物的这种情形来推想，我们从前对于休息的固有观念就要被推翻。任风暴狂吹，树枝摇摆，这位睡眠者并不被这摇动的吊床所烦扰，至多偶尔用前足抵住这摇动的枝干罢了。也许细腰蜂的颚像鸟类的足趾一般，具有极强的把握力，比风的力量还要强。有好几种黄蜂和蜜蜂都采用这种奇怪的姿势睡眠——用大颚咬住枝干，身体伸直，腿缩着。

大约五月中旬，恩布沙已发育完全。它的体态和服饰比螳螂更出奇。它保留着一点幼稚时代的怪相——垂直的胸部、膝上的武器和身体下面三行鳞片。但是它现在已不再卷成钩子，看起来也文雅得多了。灰绿色的大翅膀，粉红色的肩头，敏捷的飞翔，下面的身体饰着白色和绿色的条纹。雄的恩布沙，是一个花花公子，和有些蛾类似的，用羽毛状的触须装饰着自己。

在春天，农民们遇见恩布沙的时候，他总以为是看到了螳螂——这个秋天的女儿了。它们外表很相像，使人们怀疑它们的习性也是一样。事实上因为它的奇特的甲胄，会使人想到恩布沙的生活方式甚至比螳螂凶恶得多。但是，这种想法错了，尽管它们都有一种作战的姿态，恩布沙却是和平的动物。

把它们关在铁丝罩里，无论半打或只有一对，它们没有一刻失掉柔和的态度。甚至到发育完全时，它们仍然吃得很少，每天的食物有一两只苍蝇就够了。

食量大的小动物，当然是好争斗的。螳螂一看见蝗虫马上就兴奋起来，于是战争开始了。节食的恩布沙，是和平的爱好者。它不和邻居争斗，也不像螳螂那样装出怪相，去恐吓它们。它从不突然张开翅膀，也不作蝮蛇般的喷气。它从不吃掉自己的姊妹，更不像螳螂吞食自己的丈夫。这样残暴的行为，它是没有的。

这两种昆虫的器官，完全一样。这种性格上的不同，和它们身体上的形状没有关系。

或者也许是由于食物的差异。无论人或动物，淳朴的生活总可使性格温和些。恩布沙是过淳朴生活的。

我的解释虽然已经很清楚，恐怕还有人会提出更进一步的问题。这两种昆虫有完全相同的形状，想来一定也有同样的生活需要，为什么一种如此贪食，另一种又如此有节制呢？它们如同别的昆虫一样，已经由它们自己的习性告诉了我们：嗜好和习性，并不完全基于形体的结构。在决定物质的定律上，还有决定本能的定律存在。

二 白面孔螽斯

在我们区域中的白面孔螽斯，无论从它善于歌唱或庄严的风采上，总可算是蚱蜢类中的首领了。它有灰色的身体、一对强有力的大颚及宽阔的象牙色的面孔。如果要捕捉它，并不很难，只是这种昆虫不太多见。在夏天最炎热的时候，我们可以看见它在长长的草上跳跃，特别是在向阳的岩石脚下，那里是松树生根的地方。

希腊字 Dectikos（即白面孔螽斯 Decticus 的语源）的意义是咬，喜欢咬。白面孔螽斯取了一个很恰当的名字，它确实是善于咬的昆虫。假使这种强壮的蚱蜢抓住了你的指头，你要当心一点，它会将指头咬出血来。当我捕捉它的时候，我特别提防它那强有力的颚。它的颚和两颊边突出的大块肌肉，显然是企图用来切碎它那坚韧的俘虏的。

白面孔螽斯关在我的笼里，我发现蝗虫、蚱蜢等任何新鲜的肉食，都适合它们的需要。蓝翅膀的蝗虫，更是经常的美餐。当食物放进笼子里，常有一阵骚动，特别是在它们饥饿的时候。它们一步一步很笨重地向前耸进。因受长胫的阻碍，不能敏捷。有些蝗虫立刻被捉住，有些急跳到笼子顶上，逃出这螽斯所能及的范围之外，因为它身体笨重，不能爬到这么高。不过蝗虫只能延长它们的生命而已。或因疲倦，或因被下面的绿色食物所引诱，它们从上面跑下来，于是立刻就为螽斯所获。

这种螽斯，虽然智力很低，然而也有一种科学的杀戮方法，如同我们在别处所见一样。它常常刺捕获物的颈部，咬它主宰运动的神经，使它立刻失掉抵抗力。这是很聪明的方法，因为蝗虫是很难杀的。甚至头已经掉了，它还能跳跃。我曾见过几只蝗虫，已经被

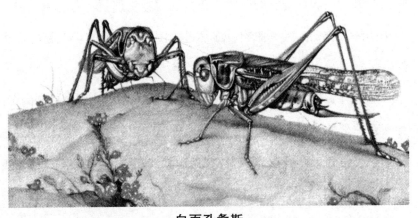

白面孔螽斯

希腊字 Dectikos 的含义是咬，喜欢咬。

这个名字起得很恰当，它确是一种善于咬的昆虫。

吃掉一半了，还不断地乱跳，居然被它逃走。

假使这种螽斯多一些，对于农业可能有相当的益处，因为它嗜好蝗虫和一些对于未成熟的谷类有害的种族。不过现在它对于保存土地上果实的帮助，非常有限。它给我们主要的兴趣，是因为它是远古遗留下来的纪念物。它使我们对于一些现今已经消失了的习性，有一点初步的印象。

我应该谢谢白面孔螽斯，使我初次知道关于幼小螽斯的一两件事。

它产下的卵，并不像蝗虫与螳螂，将它们装在硬沫做成的桶里；也不像蝉，将它们产在树枝的孔穴里。螽斯将卵像植物种子一般种植在土壤里。

母的白面孔螽斯身体的尾部有一种器官，可以在土面上掘下一个小小的洞穴。在这个穴里，产下一些卵，把洞穴四面的土弄松，用这种器官，将土推入洞中，好像我们用手杖将土填入洞穴一样。用这个方法，它将这个小土井盖好，再将上面的土弄平。

然后，它到附近的地方散步一会，以作消遣。没有多少时候，它回到先前产卵的地方，靠近原来的地点——这是它记得很清楚的——又重新开始工作。如果我们注意它一小时，可以看到它全部的动作，不下五次，连附近的散步在内。它产卵的地点，常是靠得很近的。

各种工作都已完毕后，我察看这种小穴。光有卵放在那里，没有小室或鞘作保护。通常总数约有六十个，颜色淡灰，形状如梭。

我开始观察螽斯的工作，就急于想看看卵子孵化的情形，于是在八月底，我取来很多的卵，放在里面铺有一层沙土的玻璃瓶中。它们在里面度过八个月时间，没有感觉气候变化的痛苦；那里没有它们在户外必须受到的风暴、大雨和酷热的阳光。

六月来时，瓶中的卵，还未表现开始孵化的征兆。和九个月前我刚取来时一样，既不皱也不变色，反而现出极健康的外观。然而在六月里，在原野里就常常可以碰到小螽斯，有时，甚至已发育得很大。因此，我很怀疑，究竟是什么理由使它迟延下来的。

于是我想起一个道理来。这种螽斯的卵，如同植物种子般地种在土内，是毫无保护、露在雨雪之中的。在我瓶子里的卵，在比较干燥的状况里，过了一年的三分之二的时间。因为它们本像植物种子也散播着，它的孵化大概也需要潮湿，如种子发芽时需要潮湿一样。我决定试一试。

我将从前取来的卵，分一部分放在玻璃管内，在它们上面，薄薄的加一层湿的细沙。玻璃管用湿棉花塞好，以保持里面的湿度。无论谁看见我的实验，都以为我是在实验种子的植物学家。

我的希望达到了。在温暖潮湿之下，卵不久就表示出孵化的信号，它们渐渐涨大，壳分明就要裂开。我费了两星期工夫，每小时都很疲劳地守候着，想看看小螽斯跑出卵来的情形，以解决盘踞在我心中很久的疑问。

　　疑问是这样：这种螽斯，照常例，是埋在土下约一寸深。现在这个新生的小螽斯，夏初时在草地上跳跃，和发育完全的一样，有一对很长的和头发一样细的触须，并且身后生有两条异常的腿——两条跳跃用的撑竿，对于普通的行路很不方便。我很想知道，这个柔弱的动物，带着这样笨重的行李，到地面来时，其间经过的工作，是怎样做的。它用什么东西从土中穿出一个小通道来呢？它有一粒小沙就能折断的触角，少许的力量就会断脱的长腿，这个小动物是显然不能从土壤中解放出来的。

　　我已经告诉过你们，蝉和螳螂，一个从它的枝头，一个从它的窠，出来时都穿有一层保护物，像一件大衣。我想起来，这个小螽斯，从沙土里出来时，一定有比生出以后、在草间跳跃时所穿的还要简单而且紧窄的衣服。

　　我并没有错误。这时候，白面孔螽斯和别的昆虫一样，的确穿有外套。这个细小肉白色的动物包在一个鞘里，六足平置胸前，向后伸直，丝毫不能动。为了使出来时比较容易，它的小腿缚在身旁；

另一件不方便的器官——触须——动也不动地压在包袋里。

头弯向胸部。大的黑点是它未来的眼睛，毫无生气且十分肿大的面孔，使人以为是盔帽。颈部因头弯曲的关系，所以显得十分开阔，它的筋脉微微地跳动，时张时合。因为有这种突出的跳动的筋脉，新生的螽斯的头部，才能转动。它用颈部推动潮湿的沙土，掘成一个小洞。于是筋脉张开，成为球状，紧塞在洞里，因此使得蛴螬在移动它的背部和推土时，能有足够的力量。如此，进一步的步骤，已经成功。球泡每一回的涨起，对于小螽斯在洞中的爬动，都很有帮助。

看到这个柔软的动物，身上还没有颜色，移动它膨胀的颈部，钻掘土壁，真是太可怜了。肌肉还未强健的时候，真像是在和硬石抗争。不过抗争居然成功。一天早晨，这块地方，已做成小小的孔道，也不是直的，也不是曲的，约一寸深，宽阔如一根柴草。用这样的方法，这个疲倦的昆虫，到达地面上了。

还没有完全离开土壤以前，这位奋斗者先休息一会，以恢复这次旅行后的疲劳，然后做一次最后的奋斗，竭力膨胀头后面突出的筋脉，突破保护它许久的鞘。这个动物抛去了它的外衣。

现在这是一个幼小的螽斯了，还是灰色的，但是第二天渐渐变黑，同发育完全的螽斯比较起来简直像一块黑炭。大腿的下面有一条窄窄的白斑纹，这是它成熟时期象牙面孔的先声。

在我面前发育的螽斯啊！在你面前展开的生命是太凶险了。你的许多亲属们，在未得自由之前，有许多因疲倦而死。在我的玻璃管中，我看到好多因为受到沙粒的阻碍而放弃了尚未成功的奋斗。它们的身上长了一种绒毛——霉将它的尸体包裹了。如果没有我的帮助，到地面上来的旅行更危险，因为屋子外面的泥土更粗糙，已经被太阳晒硬了。

这个有白条纹的黑小鬼，在我给它的莴苣叶上咬啮，在我给它居住的笼里跳跃，我可以很容易地豢养它，不过它已不能再给我更多的知识，所以我就恢复了它的自由，以报答它教我的知识，我送给它这个玻璃管和花园里的蝗虫。

它教给我蚱蜢在离开产卵的地点时，如何穿着一件临时的衣服，将那些最笨重的部分，如长腿和触角等，包在鞘里；它又告诉我这种只能略略伸缩、干尸状的动物，为了旅行之便，为什么头颈上生有一种瘤，或颤动的泡。这是一种原来就生成的机器，在我最初观察螽斯的时候，我并没有看见它用它来做行路的帮助。

第十章

黄　蜂

一　它们的聪明和愚笨

在九月里的一天，我同我的小儿子保罗跑出去，想看看黄蜂的窠；他的好眼力和集中的注意力可以帮助我。我们很有兴趣地看着小径的旁边。

忽然保罗叫起来了："一个黄蜂的窠，一个黄蜂的窠，一定没错儿！"因为在二十码以外，他看见一种移动得很快的东西，一个个地从地上升起，直冲上来后立即飞去，好像草里面有小的火山口将它们喷出来一般。

　　我们小心谨慎地跑近那个地点，恐怕引起这些凶猛的动物注意。在它们住所的门边，有一个圆的裂口，大小可容人的拇指，同居者来来去去，肩踵相接地相对飞过。砰的一声，我不觉一惊，因为我想到我们可能遇到煞风景的事情；如果我们太靠近去观察它们，就要激起这些容易发怒的战士来攻击我们。不敢再多观察了，多观察就会牺牲太多。我们在那个地点做个记号，决定日暮再来。那个时候，这个窠里的居民，应当全体都由野外回家了。

　　一个人要征服黄蜂的窠，如果举动不是相当的审慎，简直是冒险的事情。半品脱的石油，九寸长的空芦管，一块相当坚实的黏土，这些就是我的武器，经过前几回稍稍成功的实验，这些东西，我认为是最好而且最简单的。

　　排除用我所不能忍受的牺牲的方法，窒息的方法是必要的。因为要将一个活的黄蜂的窠放在玻璃匣子内，观察里面同居者的习性，必须牺牲自己的皮肤。我在没有掘起我所要的蜂窠以前，曾想了两次。后来我终于采取窒闷窠里的居民的办法。死的黄蜂不能刺人。这是个残忍的方法，但是十分安全。

　　我用石油，因为它的作用不过于猛烈，并且要想做一回观察，我希望留下一部分不死的。问题只是怎么样将石油倒进有蜂窠的洞里。洞出入的孔道约有九寸长，差不多和地下的巢穴平行。假如将石油直倒在隧道的口上，就是一个大错误，而且将有极严重的后果。因为这样少量的石油，会被泥土吸进去，不能到达窠里；第二天，当我们想象掘凿一定很安全的时候，我们就会在我们铁铲底下碰到一群火上浇油的黄蜂。

芦管可以阻止这个不测事件的发生。插进这个隧道的时候，它形成一根自来水管，非常之快，让石油流进土穴，一滴也不漏掉。于是我们将那块捏好的泥土，塞进出入的孔道内，像瓶塞子一样。我们没有事可做了，只有等着。

当我们准备做这项工作的时候，是昏黄的月夜的九点钟，保罗同我一齐出去，带了一盏灯和一篮这类器具。当时农家的犬在远远地互相吠着，猫头鹰在洋橄榄树的高枝上叫着，蟋蟀在丛草中不停地奏着交响乐，保罗与我则在谈着昆虫。他热心地学习，问我好多问题，我也告诉他我所晓得的一切。这样快乐的猎取黄蜂的夜，使我们忘掉睡觉和可能被黄蜂刺着时候的痛苦。

将芦管插入土穴内是一件很细致的事情，因为我们不晓得孔道的方向，所以必须费一些猜疑，而且有时黄蜂防卫窠里的守兵会飞出来，攻击工作者的手。为了预防起见，我们当中的一个，在守卫着，用手帕驱逐敌人。即使最后有一个人的手上肿起了一块，就是很痛，也是一个不很大的代价。

　　石油流到土穴内去时，我们听到地下群众中有惊人的喧哗声。于是很快的，用湿泥将门关闭起来，一次一次地实踏，使封口坚固。现在没有其他的事情可以做了。我们就回去睡觉。

　　清晨我们带了一把镘和一个铲，重新回到这个地方。早一点去，比较好些，因为恐怕有许多在外面过夜的黄蜂，会在我们掘土的时候回家。清晨的冷气，可以减少它们的凶恶。

　　在孔道之前——芦管还插在那里——我们掘了一条壕沟，阔度可以容我们随便动作。于是在沟道的旁边很当心的，一片一片地铲去，后来，差不多有二十寸深，蜂窠露出来了；吊在土穴的屋脊当中，一点没有损坏。

　　这真是一个壮丽的建筑呢！它的大小好像一个大南瓜。除掉顶上一部分之外，各方面都悬空的。顶上有很多的根，多数是茅草根，透进很深的墙壁内，将蜂窠结住得很坚固。如果那里的土地是软的，它的形状就成圆形，各部分都同样的坚固。在沙砾地方，黄蜂掘凿时遇到阻碍，形状至少就要不整齐一些。

　　在窠中地下室的周边，常留着手掌阔的一块空隙，这块面积是宽阔的街道，这些建筑者可以在这里行动无阻，继续不停地工作，使它们的窠更大更坚固；通外面的孔道，也通连到这里。蜂窠的下面，有一块更大的空隙，形圆，如一个大盆，可以使蜂窠添造新房时增大体积；这个空穴，同时也是盛废物的垃圾箱。

这个地穴是黄蜂自己掘的。关于这个，可以用不着怀疑；因为这样大这样整齐的洞是没有现成的。当初开辟这个窠的蜂，也许利用鼹鼠所做的穴，以图开始建筑的便利；可是大部分的工作却是黄蜂所做的。然而并没有一些泥土堆在门外面。这些泥土搬运到哪里去了呢？

它已经抛散在不令人注意的广阔的野外了。成千成万的黄蜂掘这个地穴，遇必要时将它开大。它们飞到外面来的时候，每一个都带着一粒土屑，抛在离开窠很远的各处去，就这样地把泥土散播在四外，所以一点痕迹看不到了。

黄蜂的窠是一种薄而软韧的材料做的，那是木头的碎粒，很像棕色的纸。上有一条条的带，颜色按所用的木头而不同。如果是整张做的，就不能御寒。但是黄蜂像做气球的人一样，知道可以利用各层外壳中所含的空气保持温度。所以它将纸浆做成阔的鳞片状，一片片松松地铺上，有很多的层数。全部形成一种粗的毛毯，厚而多孔，内含多量不流动的空气。这层外壳里的温度，在热的天气，一定是很高的。

大黄蜂——黄蜂的领袖——在同样的原则之下，建筑它的窠。在杨柳的树孔中，或在空的谷仓里，它用木头的碎片，做成脆弱带

黄 蜂

黄蜂的窠是一种像棕色纸那样薄而柔韧的东西做成的，
它的原料是木屑。

条纹的黄色纸板，它用这种材料包裹它的窠，一层层互相叠起来，像阔大凸起的鳞片。中间有宽阔的空隙，空气停止在里边不动。

黄蜂的动作常常根据物理学和几何学的定理。它利用空气，这种不良导体，以保持它家里的温暖。它在人类未曾想到做毛毯以前已经做了；它把窠的外墙筑成一个很巧妙的形状，使得它只要有顶小的外围，就可以造下很多房间；它的小室也是一样的，面积和材料都很经济。

然而，这些建筑家虽然这样的聪明，但也使我们奇怪，当它们遇到最小的困难时，竟又很愚笨。一方面，它们的本能教它们如科学家一般地动作；而另一方面，很显然，它们完全没有反省的能力。关于这个事实，我已用各种实验证明了。

黄蜂碰巧将房子安置在我花园的身旁，于是我可以用一个玻璃罩来做实验。在原野里，我不能用这种器具，因为乡下的小孩子立刻就会打破它。有一晚上，天黑了，黄蜂已经回家。我弄平泥土，放一个玻璃罩罩住它的洞口，当黄蜂第二天早晨开始工作，发觉它们的飞行被阻止时，它是否能在玻璃罩的边下做出一条通路呢？这些能够掘成广大穴洞的刚强的动物，是否知道造一条很短的地道就可放它们自由呢？问题就在这里。

第二天早晨我见明亮的阳光落在玻璃罩上了，这些工作者成群地由地下上来，急欲出去找寻食物。它们撞在透明的墙壁上跌落下去，重新又上来，成群地团团飞转。有些舞跳得疲倦了，暴躁地乱走，然后重新回到住宅里去了。有些当太阳渐渐地热起来的时候，代替前者来乱撞。但是没有一个，会伸足到玻璃罩四周的边沿下去扒抓，分明它们不能另行设想逃脱的方法。

这个时候，少数在外面过夜的黄蜂，从原野里回来。围绕着玻璃罩飞舞，最后一再迟疑，有一个决定往罩下边去掘。其余的也学它的样，一条通道很容易地开出来，它们就跑进去。于是我用土将这条路塞住。假使从里面能看出这条狭路，当然可以帮助黄蜂逃走的，我很愿意让这些囚徒争得自由的光荣。

无论黄蜂的理解力如何薄弱，我想它们的逃走，现在是可能了。那些刚刚进去的当然会指示路径；它们会教别的向玻璃墙下去掘的。

我非常失望，它们一点没有从经验和实例上来学习的表示。在玻璃罩里，并没有要掘地道的企图。这些昆虫只是团团乱飞，并没有什么计划。它们只是乱撞，每天都有很多死于饥饿和炎热之下。一星期后，没有一个活下来，一堆尸首铺在地面上。

从原野里回来的黄蜂可以找到进去的路，是因为从土壤外面嗅知它们的家，而去找寻它，这是它们自然本能的一种——它们的一种防御方法。这是不需要思想和理解的，自从黄蜂初次来到世界上时，地上的阻碍对于每个黄蜂都很熟悉了。

但是那些在玻璃罩里面的黄蜂，就没有这种本能帮助它们了。它们的目的是想到日光里来，在它们透明的牢狱中，看到日光，它们就以为目的已经达到。虽然它们继续不已地和玻璃罩相冲撞，但是想朝着日光，飞得更远一点，却是不可能。过去并没有一些经验曾教它们怎么做。它们仅盲目地牢守着旧有的习性，最后终归死亡。

二 它们的几种习性

假使我们揭开蜂窠的厚包，我们可以看到里面有许多蜂房，那是好几层小室，上下排列，用坚固的柱子联系在一起，层数没有一定。在一季之末，大概是十层，或者更多一点，小室的口都是向下的。在这种奇怪的世界里，幼蜂都头朝下地生长、睡眠及饮食。

这一层层的楼——蜂房层，有阔大的空间把它们分开；在外壳与蜂房之间，有一门路，和各部分相通。常常有许多看护来来去去，管理窠中的蛴螬。在外壳的一边，就是这个城市的大门。直对大门，有一个未经修饰的裂口，隐在包被的薄鳞片中，就是从地穴通到外面广大世界的隧道之进出口。

在黄蜂的社会里，有许多许多的蜂，它们的生命是完全消磨在工作上的。它们的职务是当群众增加时，扩大蜂窠；它们虽然没有自己的蛴螬，但对看护窠内的蛴螬却极小心勤勉。为了要看它们的工作，及将近冬天时会有什么事情发生，我在十月里将少许窠的小片，放在盖子底下，里面有很多的卵和蛴螬，并且有一百个以上的工蜂在看护它们。

为了观察的便利，我将蜂房分开，将小室的口向着上面，并排放着。这样颠倒的位置，看起来并没有使我的囚徒烦恼，它们不久就从被扰乱的情形下，恢复原来的状态，重新开始工作，好像并没有什么事情发生一样。事实上，它们当然需要建筑一点东西，所以我给它们一块软木头，并用蜜饲养它们。用一个铁丝盖着的大泥锅，代替藏蜂窠的土穴。盖上一个可以移动的纸板做的圆顶形东西，使它相当地黑暗，我要它亮时，就把纸盖移开。

黄蜂继续工作，好像并未受到任何扰乱。工蜂一面照顾蛴螬，同时也照顾房子。它们开始竖起一道墙，围绕着黄蜂密集的蜂房，看来它们像是想重新建造一个新的外壳，代替那个被我的铁铲毁掉了的旧壳。但是它们并不修补，它们只是从我毁坏了的地方起，从事工作。它们做起一个弧形的纸鳞片的屋顶，遮盖起三分之一的蜂房；如果窠不曾碰坏，这可以连接到外壳的。它们做成的幕，只能盖住小室的一部分。

至于我替它们预备下的木头，它们碰都不去碰一下。这种原料，大概用起来很麻烦，它们宁愿用已经废弃了的旧窠。在这些旧窠内，纤维是已经做好了的，并且，只要用少许唾液和用大颚嚼几下，便变成上等质地的糨糊。它们把空着的小室捣得粉碎，用这种碎物，做成一种天棚。如果有所需要，也可用这种方法做成新室。

比这种屋顶工作更有趣味的，是它们喂养蛴螬。看粗暴的战士变成温和的看护，谁也不会厌倦的。兵营变成育儿室了。喂养蛴螬是多么地当心啊！假使我们仔细地看着一个忙碌的黄蜂，我们可以看见它嗉囊里装满了蜜，停在一个小室的前面。它以一种沉思的姿态，将头伸在洞口里，用触须的尖去触蛴螬。蛴螬醒来了，向它张开口，就像一个初生羽毛的小鸟，向着它刚刚带回食物的母亲索食一般。

一会儿，这个醒来的小蛴螬，将头摇来摇去，想探到食物；它是盲目的，试探着带来的食物。两张嘴碰到了，一滴浆汁从看护的嘴里，流到被看护者的嘴里。这一点点就够了。现在又轮到第二个黄蜂婴儿。看护又向别处去继续它的责任。

这时，蛴螬在它自己的颈根上舐吮。因为当喂食的时候，它的胸部暂时膨胀，它的用处如涎布，从嘴里流出来的东西都落在这上面。大部分的食物咽下之后，蛴螬就舐起落在涎布上的食屑，然后膨胀消失了；蛴螬就稍稍朝窠里缩进一点，又回复它甜蜜的睡眠。

当黄蜂的蛴螬在我的笼子里喂养时，它的头是朝上的，从它的嘴里漏出来的东西，当然会落在涎布上面。至于在窠里喂养时，它们的头是朝下的。可是我并不怀疑，就是在这种情况下，涎布也起同样的作用。

因为它将头略弯，口里溢出的一部分东西很可能积在突出的涎布上；而且浆汁很黏，就粘在这里。同时看护放下一部分食品在这个地方，也是十分可能的。不管涎布在嘴的上面，或在嘴的下面，不管头是朝上或者朝下，涎布都能尽其功用，因为食品有黏性。这确是一个临时的碟子，可以减少喂食工作的困难，而且可以使蛴螬安逸地吃，不致吃得太饱。

在野外，当一年之末，果品很少的时候，多数的黄蜂用切碎的蝇喂蛴螬，但在我的笼子里，别样东西，一概不用，单单给它们蜜。看护者和被看护者似乎吃了这种食物都很健旺，而且假如有不速之客闯进蜂房，立刻就被处死刑。黄蜂分明是不厚待宾客的。就是形状与颜色和黄蜂极相像的拖足蜂，如果走近黄蜂吃的蜜，立刻就会被发觉，群起而攻之。它的外貌并不能瞒过它们，如果不急速退避，就会被残酷地处死的。所以跑进黄蜂的窠，实在不是一件好事情，即使客人的外表与它们相同，工作与它们相同，差不多是团体中的

一分子，都不行。

一而再、再而三的，我看到过它们对于客人的野蛮待遇。假使客人是个相当重要的，它被刺杀后，尸身被拖到窠外，抛弃在下面的垃圾堆里。但那毒的短剑似乎并不轻用。假使我将一个锯蝇的蚱蟑抛到黄蜂群里，它们对于这条绿黑色的龙，表示很大的惊奇；它们勇敢地咬它，将它弄伤，但是并不用针刺它！它们拖它出去，这条龙也反抗，用它的钩子钩住蜂房，有时用它的前足，有时用它的后足。终于，这条龙因伤而软弱，被拉下来，一身的血迹，被掼到垃圾堆上去。驱逐这条龙，费了两个钟头的时间。

如果，相反的，我放一个住在樱桃树孔里的一种魁伟的蚱蟑在蜂窠里，五六只黄蜂，立刻用针来刺它。几分钟以后，它就死了。但是这具笨重的尸体，很难搬到窠外去。所以黄蜂感觉不能移动它，就开始吃它，或者，至少要减轻它的重量，直吃到剩余下来的，可以拖到墙外为止。

三 它们悲惨的结果

有这样残酷的方法防御闯入者的入侵，这样巧妙的喂蜜，我笼子里的蚱蟑因之大大地兴旺。但是当然也有例外，黄蜂的窠里也有因柔弱、在未长成以前便夭折的情形。

我看见那些柔弱的病者不能吃食，慢慢地憔悴下去。看护者已经更清楚地知道了。它们把头弯下来朝着病者，用触须去试听，并且证明不可医治了。后来这个动物到快死的程度时，就被无情地从小室里拖出窠外去。在野蛮的黄蜂社会里，久病者仅是一块无用的垃圾，愈快拿出去愈好，因为怕传染。但这还不是顶坏的。冬天渐渐临近了，黄蜂已经预知它们的命运。它们知道末日就在眼前。

十一月里寒冷的夜晚，蜂窠内起了变化，建筑的热心减退了，到储蜜的地方也不很频繁了。家庭的事务也废弛了。蛴螬因饥饿张着嘴，只得到很迟慢的救济，甚至得不到丝毫的照顾。深深的怅惘抓住了看护者的心，它们从前的热诚由冷淡而成为厌恶。不久就要不可能了，仍然继续看护有什么好处呢？饥饿的时候就要来了，蛴螬总不免悲惨地死。所以温和的看护一变而为凶恶的刽子手了。

它们对自己说："我们不必留下孤儿来，我们去了以后，没有谁来照顾它们。让我们把卵与蛴螬通通杀死。一个暴烈的结束比慢慢地饿死要好得多。"

接着就是一场屠杀。咬住了蛴螬项颈的后面，残暴地从小室里拖出来，拉到窠外，抛到外面土穴底下的垃圾堆里。这些曾做过看护工作的工蜂把它们从小室里拖出来时，其情形之残酷好像它们是外来的生客，或者已死的尸体。它们将蛴螬粗暴地拖着，并将它们扯碎。卵则被撕开、吃掉。

不久，这些刽子手护士自身，也开始无生气地苟延残喘。一天一天的，我带着感触和好奇的心情去注视我的昆虫最后的结局。这些工蜂忽然死了。它们来到上面，跌倒仰卧着，不再起来，如触了电一般。它们的全盛时代已成过去，它们被时间这个无情的毒药毒死。就是一个钟表的机器，当它的发条放开到最后一圈时，也是要如此的。

工蜂是老了！然而母蜂是窠中最迟生出来的，仍然年轻力壮。所以当严冬来威迫它们时，它们还能够抵抗。那些末日已近的，很容易从它们外表的病态上分别出来。它们的背上是有尘土沾染着的。当它们健壮时，它们不绝地拂拭，黑黄相间的外衣拭得十分光亮。那些病者，就不注意清洁了；它们停在太阳光下不动，或者很迟缓地在徘徊，它已不再拂拭它们的衣裳了。

这种不注意装束就是不好的预兆。两三天之后，这个有尘土的动物，便最后一次地离窠。它跑出来，享受一点日光；忽然滑倒在地上动也不动，不再爬起来了。它避免死在它所爱的窠里，因为黄蜂的法律规定，那里是要绝对清洁的。这个临终的黄蜂自行它的葬礼，把自己跌落在土穴下面的坑内。因为卫生的关系，这些苦行主义者，不肯死在蜂房中间的住房里。至于剩余下来未死的，仍保留这种习惯到最后的结局。这是一种不会被废弃的法律，无论人口如何减少，总是保持的。

虽然屋子是暖和的，并且有着蜜，壮健者仍来吃，可是我的笼子里一天天空起来了。到了圣诞节时，只剩了一打雌蜂。到了一月六日，最后剩余的也死掉了。

从哪里来的这种死亡，使我的黄蜂通通倒毙？它没有受饿，也没有受冻，更没有离家的痛苦。那么它们为什么而死的呢？

我们不要归罪于囚禁，在野外也发生同样的事情。十二月末，我曾观察过很多的蜂窠，都是这种情形。大多数的黄蜂，必须死亡，并不是碰到意外，也不是因疾病，也不是因气候的摧残，而是因为一种不可逃避的规律。不过这种情形，对于我们人类倒是很好的。一只母黄蜂可以造下一个三万居民的城市。如果全体都生存下来，它们将成为一种灾害！它们将要在野外称王施虐了。

到后来，窠自会毁灭的。一种将来变成形状平庸之蛾的毛虫，一种带赤色的小甲虫，和一种着金丝绒外衣的鳞状蛴螬，都是毁坏蜂窠的动物。它们咬碎一层层小窠的地板，使整个住宅崩坏。只有几把尘土、几片棕色纸片留存下来，到春天回来，仍造起黄蜂的城市，重新住着三万的新居民。

第十一章

蛴螬的冒险

一 蜂蚢 [①]

围绕着卡本脱拉司（Carpentras）乡下沙土地的高堤，是黄蜂和蜜蜂顶喜欢来的地方，它们喜欢这里的原因，是因为阳光充足而且泥土容易掘开。五月天气，有两种蜜蜂特别的多。它们都是泥蜂，地下小室的建造者。其中一种，在它的住宅门口，建筑防卫的壁垒——一个土筒——留有空间而呈弧形，长和宽如人的一个指头。当很多蜜蜂住下来时，谁都会看了这种倒垂的土手指的装饰而惊奇。

①蚢是甲虫的一种，原名为 Sitaris，现根据它的生活习惯，暂译为蜂蚢。

另外一种蜜蜂，是我们更常见的，名字叫掘地蜂，它的走廊的外口是裸露的。旧墙石头间的隙缝中，废弃的茅舍，或沙石上显露的表面，都适宜于它的工作；但是最适宜的地方，它们大群奔赴的，是朝南的一条绵亘的土地，例如在深陷的道路的断面上。这里的面积有好多码宽，墙上穿有很多的小孔，以致这土块看来显出海绵的样子。这些洞孔，大概是锥子戳的，因为它们非常的整齐，每一个孔穴都通盘曲的走廊，这走廊约有四五寸深。蜂窠就在它的底下。如果我们要看这种蜜蜂的工作，我们一定要在五月的下半月，到它的作场上来。于是——但要离开相当的远——我们看到它们一群群地喧哗地聚在一起，以惊人的努力，在从事于寻找食物和建筑巢穴的工作。

但是我跑到这个住满了掘地蜂的地方来，要算在八九月间这种快乐的夏天休假时期为最多。在这一季，靠近它们窠的地方都非常寂静，一切的工作都早已完毕了，很多蜘蛛网布在隙缝里，或者有丝管子伸入蜜蜂的走廊里。从前住满了蜂，熙熙攘攘的都市，现在变成荒凉的废墟，其中的理由，我们不能知道。距离表面数寸深的下面，成千的蛴螬关在它们的土室里，静静地等待春天的来临。当然这些柔弱而不能自卫的蛴螬，如此的肥胖，一定足以引诱某种寄生者，某种在找寻食物的外来的昆虫。这件事是很值得研究的。

我立刻就发现了两种事实。有些很难看的苍蝇，身上是半黑半白的，正在慢慢地从一个洞穴飞往另一个洞穴，它们的目的显然是打算在那里产卵。有许多挂在蜘蛛网上，已经干枯而死。而在别处，堤上的蜘蛛网上，也挂了许多一种名叫蜂蚋的甲虫的尸体。这些尸体当中，雌雄都有，但也还有少数仍然活着的。雌的甲虫，一定到了蜂的住宅里，毫无疑问，它把卵产在里面。

假使我们稍稍掘开堤的表面，我们会看到比这还要多的东西。在八月初，我们所看到的是：顶上一层的小室，同底下的蜂窠，大不相同。这种分别，是因为有两种不同的蜂住在这同一个建筑物里面，一种是掘地蜂，一种是竹蜂。

掘地蜂是先锋队。掘地道的工作，完全是它们做的。如果它们无论为什么事情离开外部的小室，竹蜂就进去占据了。它用很粗的土壁，将走廊分成大小不等、毫不艺术化的许多小室，这是它惟一理想的建筑了。

掘地蜂的窠，做得很整齐而且装饰得很精致，可以说是富有艺术性的工作。它利用同样的土壤，做得使任何普通的敌害都不能侵入；因此，这种蜜蜂的蛴螬是不做茧的。它裸着躺在小室里，这小室的内部如粉刷过一样的光亮。

在竹蜂的室里呢，是需要保护用的东西的，因为它们是在土壤的表面，做得很草率，而且只有很薄的墙壁做保护，所以竹蜂的蛴螬包裹在很坚固的茧里，一方面可以保护它不致与粗糙的窠里的墙壁接触，一方面可避免外来的仇敌的爪牙。在这种堤上住着的两种蜜蜂，我们很容易辨别哪一种窠属于哪一种蜜蜂。掘地蜂的窠里，藏着裸体的蛴螬；竹蜂窠里的蛴螬，是有茧包裹的。

同时，这两种蜜蜂，都各有它的特别的寄生者，或不速之客。竹蜂的寄生者是黑白相间的蝇，我们常常可以在隧道的门口发现它们，它们企图进去产下一些卵。掘地蜂的寄生者是蜂蚖，这种甲虫的尸体常大量地出现在堤面上。

假使将竹蜂的室拿开，我就可以看到掘地蜂的室。有些住满了蛴螬，有些住着成长的昆虫，又有些——实际是很多的——蛋形的壳，分成数节，上面有突出的呼吸孔。这种壳极薄而脆；颜色是琥珀色的，非常透明，从外边可以很清楚地看出里面有一个发育完全的蜂蚖，挣扎着，打算把自己解放出来。

这个奇怪的壳是什么呢？——看来并不像一个甲虫的壳。这个寄生者，怎样能达到这个窠呢？从它的位置上看来，简直不可能侵入，而且用放大镜仔细地看，也看不出里面有任何破坏的痕迹。经过三年的精密观察，才使我能回答这些疑问，于是又在昆虫生活史上写上最惊奇的一页。下面就是我研究的结果。

蜂蚨在发育完全的时期，只有一两天的寿命，它的全部生命就在掘地蜂的门口度过。除掉繁殖种族外，其他的事都和它没有关系。它也有通常的消化器官，但是它究竟是否吃食物，我很怀疑。雌甲虫的惟一工作是产下它的卵。这件事完成后，它就死了。雄的在这种土穴上伏上一两天后，也同样毁灭了。这就是蜂的住宅旁的蜘蛛网上，挂着那些尸体的来源。

当初一看，人们都要以为这种甲虫产卵的时候，一定一个小室一个小室地跑遍，在每一个蜜蜂的蛴螬上产一个卵。但是在我的观察过程中，我在蜜蜂的隧道中细细地搜寻过，我只见到蜂蚨的卵都产在门口里面，积成一堆，离开门口约有一两寸远。它们是白色、蛋形，体积很小，彼此微微地粘在一起。至于它们的数目，至少有两千，这绝不是夸大的话。

因此，和任何人所想象到的完全相反，它们的卵不产在蜂窠里，而仅仅将它们产在蜜蜂住宅的门口之内，堆成一小堆。不止如此，母亲对它们并没有布置一些保护的东西，也不注意为它们防御冬天的寒冷，也不替它们关起这进出孔道的大门，以防御来扰害它们的成千上万的敌人。因为在冬日的严寒未到之前，这个开着口的隧道，是被蜘蛛及其他侵略者所践踏的，那些卵也将成为它们的可口的食物。

为要看清楚些，我将一些卵放在盒子里。大约在九月末它们孵化出来时候，我想象它们立刻会跑开，去找寻掘地蜂的小室。然而我完全错了。这些幼小的蛴螬——小的黑动物，不足一寸的二十五分之一长，虽然有强健的腿，竟不跑掉。它们乱七八糟地堆在一块，和脱下的卵壳混在一起。我将有蜂窠的土块放在它们面前，也没有用处，任何东西也不能引诱它们移动一下。如果硬把几个移开一点，它们立刻跑回，躲在其余的同伴那里。

最后，我在冬天跑到卡本脱拉司的野外，去观察住着掘地蜂的地方，要想断定是否蜂虻的蛴螬在自然环境下，也是孵化之后不散开的。那里的情况同我盒子里的一样，我看到那些蛴螬也是积成一堆，和卵壳混在一起。

我还未能回答这个疑问呢：蜂虻怎样进入蜜蜂的小室，和怎样走进一种不是自己的壳内去的？

二　第一次的冒险

从幼小的蜂虻的外表，使我立刻知道它的习性一定是很特别的。我看出在普通的平面上是不能叫它移动一下的。这种蛴螬住的地方，显然容易遭遇跌落的危险，为防止这种事情发生，它生有一对强有力的大颚，弯曲而尖利；强壮的腿，末端生有长而能动的爪；很多的硬毛和尖针；还有一对坚硬的长钉，有锋利而硬的尖子，像一种犁头，可以刺入任何光滑的土面。还不止此，此外还有一种黏性的液汁，没有旁的东西帮助，也可以把它粘住。我一再绞尽脑汁，猜想究竟是什么要素，使得这些幼小的蚙蟗，决定住在这个极危险、极不可靠的地方，但是总想不出。我只有非常着急地等待温暖的气候到来。

四月底，关在我牢笼中的蚙蟗，从前本来是躺着不动，躲在海绵一样的卵壳堆里的，现在忽然动了。它们开始在它们度过冬天的盒中，到处爬走。它们的急促的动作和不倦的精力，表现它们在找寻什么东西。它们需要的东西，看来自然是食物了。因为这些蚙蟗是九月底孵化的，直到现在，虽然它们无疑地是在麻木的状态中，差不多足足有七个月，没有取得一些营养。从孵化的时候开始，虽然它们是有生命的，但它们被判了断食七个月的徒刑；同时当我看到它们这样兴奋时，自然我要猜想，那是饥饿驱使它们如此忙碌的。

它们所需要的食物，只可能是蜂窠中的储藏品，因为后期的蜂蚴，我们是在这些窠里找到的。然而窠里只有蜜和蜂的蚙蟗。

我给它们有蜜蜂蚙蟗的蜂窠，我甚至把蜂蚴放到窠里去，用种种东西，引起它们的食欲。我的努力仍然毫无结果。于是我又用蜜来试试。为要找到藏有蜜的蜂窠，我花去了五月中大部分的时间。找到以后，我将蜜蜂的蛴螬拿开，将蜂蚋的蛴螬放在蜜的上面，没有任何实验比这个失败得更厉害了。蛴螬们并不吃蜜，它反被这种黏性的东西纠缠住了，闷死在里面。于是我很失望地说道："我给你们蜂窠、蛴螬和蜜呵！那么你们这些丑恶的小东西，到底要什么呢？"

结果，到底给我发现它们要的是什么东西了。它们是要掘地蜂自己带它们到窠里去。

我先前已说过，当四月到来，蜂窠门内的一堆蛴螬，开始表示一点活动的现象。几天以后，它们已不在那里了。真是非常奇怪，它们死不放手地攀在蜜蜂的毛上，被带到野外，甚至很远的地方去了。

掘地蜂经过蜂窠门口的时候，不管是出去或是回家，睡在那里等待着的蜂蚋的蛴螬，立刻附到蜜蜂的身上。它爬进绒毛，握得很紧，无论蜜蜂飞得多么远，它一点也不怕跌落下来。利用这种方法，它惟一的目的是想让蜜蜂将它带到储有蜜的窠里去。

一个人初次看到这种情形，以为这种冒险的蛴螬，大约在蜜蜂身上先要得到一些食物的。但是并不如此。蜂蚋的蛴螬伏在蜜蜂的毛里，和蜜蜂的身体成直角，头朝里，尾巴向外，靠近蜜蜂肩头的一处，它们选下地点后就不再移动。如果它们真的在蜜蜂身上想吃什么，它们应该这里那里地跑动，找寻皮最嫩的那一部分的。但是相反的，它们总常常固着在蜜蜂身上最坚硬的部分，靠近翅膀根的下面，或者有时在头上，攀住一根毛，丝毫不动。所以在我看来，事实不可否认，这些小甲虫伏在蜜蜂身上的目的，仅是想让它们将它带到快要建造起来的窠里去。

不过在这个时候，这位将来的寄生者，必须要握紧了它的寄生主的毛，无论它在花丛中飞行如何急速，无论它在进窠时如何地摩擦，甚至无论它是在用足刷清身体，它都把握得很紧。不久以前，我们曾经怀疑究竟是什么东西，可以使蚼蠐把握在上面呢？现在知道这个东西就是蜜蜂身上的毛。这个蜜蜂到处遨游，一会儿飞进它那狭窄的走廊里，一会儿又钻进花丛里。

现在我们可以明了这两根大钉的功用了，它们合拢来可以紧紧握着蜜蜂身上的毛，比最精细的钳子还要容易得多。我们也可以知道黏液的价值，它能帮助这个小动物固着得更牢；同时我们也可了解足上的尖针和硬毛，是用来插入蜜蜂的软毛，使它本身的地位更稳固。我们愈想到这些蚼蠐爬在平面上时似乎无用的设备，我们对于这些部件愈感觉到惊奇，当这个弱小的动物在它冒险周游的时候，完全依靠这些机件来防止跌落。

三　第二次的冒险

五月二十一日这一天，我到卡本脱拉司去，要想看看蜂蚑进入蜂窠的门路。

这件工作是用全力去做的。在广阔的地面上，一群蜜蜂，受了日光的刺激，在那里狂舞。当我正在用迷乱的眼光观察它们的动作时，忽然从狂乱的蜂群中心，起了一种单调而可怕的喧声。如闪电一般的快，掘地蜂飞起来到处找寻食物；其他的正在成千地飞来，带着采好了的蜜，或带着为建筑之用的泥土。

那个时候，我对于这类昆虫的知识知道得比较少。我以为无论谁跑进它们的群里，或者碰一碰它们的住宅，立刻就要被成千的锥子狂刺。我有一次观察大黄蜂的蜂房，距离太近了，立刻就起了一阵恐惧的颤抖。

然而打算想发现我所要知道的事，我必须突入这种可怕的蜂群；必须立在那里几个钟点，甚至一整天，看着它们工作；放大镜拿在手上，在它们当中动也不动地，观察窠里有什么事情发生。同时面套、手套及其他各类遮盖的东西全都不能用，因为我的手指与眼睛一定要完全不受阻碍的。不管一切，即使我离开蜂窠时，我的脸上被刺肿得不能认识，我决心必须在那一天来解决那个使我苦闷了很久的问题。

我用网捉住了几只掘地蜂。我十分满意，因为它们的身上正如我所期望的，栖息着蜂蚊的蛴螬。

我将衣服扣紧，突入这蜂群的中心。用锄头锄了几下，我取得一块泥，然而使我非常奇怪的，就是我一点也没有受伤。第二回的探险，时间比第一次还要长些，也是同样的结果，并没有一个蜂用针来碰我一下。此后，我就长时间地留在蜂窠之前，揭起土块，拿掉蜂蜜，赶走蜜蜂，始终没有引起比嗡嗡之声再坏的事情。因为掘地蜂的窠一旦被扰乱时，它们立刻离开，逃避到别处去，就是有时受了伤，也不用它的针，除非它被人捉住的时候，才用一下。

谢谢这些掘地蜂的缺乏勇气，我虽然没有一点防御，竟能在这些嗡嗡的蜂群中，静静地坐在一块石头上，任意观察它们的窠达数小时之久，没有被刺过一针。农民们经过，看见我很安逸地坐在蜂群中，惊愕地问我，是否对它们施了魔术。

就是这样，我看了很多的蜂窠。有些还是开着的，多少藏有一些蜜；有些已用土盖封起来了。里面的东西，大不相同。有时候，我看到蜜蜂的蛴螬；有时看到别种稍为肥大的蛴螬；有时见一个卵浮在蜜面上。卵呈美丽的白色，圆柱形而略弯，长约一寸的五分之一或六分之一，这就是掘地蜂的卵。

在少数小室里，我看到这种卵浮在蜜面上。其他的许多室里，我更看到幼小的蜂蚨的蛴螬卧在蜂卵上，就好像躺在一种木筏上。它的形状和大小与刚孵化出来时相同。这里，敌人已经在大门里面了。

它是什么时候并用什么方法进去的呢？在许多小室上，我简直找不出一点它们可以进去的缝：因为都是封得很密的。这位寄生者一定是在蜜库未封门以前进去的。在另一方面，门开着的小室，里面藏满了蜜，但没有卵，也就从没有蜂蚨的蛴螬在里面。所以这蛴螬一定是在蜜蜂产卵的时候，或是后来它忙于封门的时候进去的。我的实验断定，蜂蚨进入小室的时候，一定是在蜜蜂产卵在蜜上的一瞬间。

如果我拿了一个里面装满着蜜，表面上浮着一个卵的小室来，再拿几只蜂蚨的蛴螬，一并放在玻璃管里，它们很少会跑进蜂窠里去的。它们不能安然地跑到木筏上去：围绕着这木筏的蜜是太危险了。假使有一两只碰巧跑近了蜜湖，它们一看到这种黏性的东西在它们脚下，立刻就设法逃开。但常常总是跌进这个蜂窠里，闷塞而死。所以我们可以断定，当蜂在小室里或靠近小室的时候，蜂蚨的蛴螬决不离开蜜蜂的毛；因为只要和蜜面一接触，就可以致它的死命。

我们必须记清，幼小的蜂蚴发现在封闭的小室中时，一定是在蜜蜂的卵上的。这个卵不仅可给这小动物当个木筏，浮在不可信托的湖中，并且还是它第一餐的食物。要到达这只浮在蜜湖中心，同时又是它食物的木筏，这幼蛴螬必须避免与蜜接触。

要完成这个工作，只有一个方法。这个聪明的蛴螬，当蜜蜂产卵的当儿，从它身上滑到卵上去，于是和它同在蜜上面。这只卵太小，不能载一个以上的蛴螬，所以我们在一个蜂室里，只能看到一个蛴螬，蛴螬的这种动作，似乎异常有灵感的，但如继续研究昆虫，它们还能给我们许多这样有灵感的例子哩。

当蜜蜂将卵放在蜜上时，同时也将它种族的死敌放在小室里。它很仔细地用土封起小室的门，于是一切的工作都完毕。第二个小室是做在旁边的，大抵也要遭到同样的命运；如此继续下去，直到藏在它的毛中的寄生者通通安居下来。现在让我们抛开这个苦恼的母亲做它无结果的工作，把我们的注意力转到这些用聪明的方法得到膳宿的蛴螬身上来吧！

现在假设我们将一只有蜂蚴蛴螬的小室上的盖子拿掉，可以看到卵还是很完好，没有损坏。但是不久，破坏工作开始了。我们看到蛴螬像一个小黑点在白卵上面。最后它停住了，用六只脚将身体站稳，然后用了大颚的尖钩咬住卵上的薄皮，猛烈地拉，直到破裂，里面的东西流出来，蛴螬就立刻高兴地将这东西吃掉。这位寄生者的大颚第一次的试用是破坏蜜蜂的卵。

这真是蜂蚜蛴螬聪明的方法！现在它就可以住在小室里任意地吃蜜；因为蜜蜂的蛴螬孵化出来时，也是需要蜜的；这一点东西，不够供给两个的。所以，快点咬碎了蜂卵，这种困难也就没有了。

另外一个破坏蜂卵的理由，是卵的特别的滋味驱使幼蜂蚜第一餐就吃它。这个小动物开始是饮流出的浆汁。接连好几天，继续将裂口撕大，吃里面的流质。这个时候它从不去动环绕在它周围的蜜。蜂卵对于蜂蚜的蛴螬是绝对需要的，它不单是当作小船用，而且还是营养的食物。

一星期之后，卵只剩了干壳。此时第一餐也已完毕。蛴螬已有两倍大，从背上裂开来，成功变为第二种形状，出现裂缝而落在蜜上。它脱下的壳，还留在木筏上面，不久就淹没在蜜浪里。

这里就结束了蜂蚜幼虫的历史。

第十二章

蟋蟀

一 家 政

居住在草地的蟋蟀，差不多和蝉一样地有名，在有限的卓越昆虫中是很出色的。它的出名是由于它的歌唱和住宅。单有一样是不足以成此大名的。动物故事学家拉·封丹，对于它，只谈了很少的几句。

另外一个法国寓言作家弗罗里安写了一篇蟋蟀的故事，可是也太缺乏真实性和含蓄的幽默。并且这故事上说蟋蟀不满意它的生活，在叹息它的命运！这是一个错误的观念，因为无论是谁只要研究过它的，都知道它对于自己的才能和住所都是非常满意的。并且在这个故事的末尾弗罗里安也承认了：

我的舒适的小家庭是欢乐的地方，

如果你要快乐地生活，就隐居在这里吧！

在我一个朋友作的一首诗中，我感觉更有力、更真实地表现了蟋蟀的这种满足。下面就是这首诗：

曾经流传在动物间的一个故事：

有一只可怜的蟋蟀在门口徜徉，

它取暖于金黄色的日光，

忽见一只蝴蝶儿，得意洋洋。

它飞舞着，拖着骄傲的尾巴，

一行行新月形的蓝色花纹，是多么愉快活泼，

又有黄色的星点与黑色的长带，

昂扬地翱翔于青天外。

隐士说："飞走吧，

整天徘徊在你们的花丛下；

无论那白色的菊花或红色的玫瑰花，

都不能比拟我的低凹的家。"

一阵暴风雨突然来临，

蝴蝶被滂沱的雨水所擒，

雨水淋脏了她丝绒的衣服，

她的翅膀也沾满了泥污。

蟋蟀藏匿着，滴雨不沾，

它唱着歌，冷眼旁观，

风暴的威胁对于它也是徒然，

任狂风暴雨溜过它的身边。

远离世界吧！

不要过分享受它的快乐和繁华，

安逸宁静的低凹火炉旁，

至少可以给你无忧无虑的时光。

在这里，我们可以认识我们的蟋蟀了。我常看到它在洞口卷动着触须，使它自己前部凉爽，后部温暖。它并不妒忌蝴蝶，反而可怜她，那种怜悯的态度，好像我们常看到的那些有家庭的人讲到那些无家可归的人时所赋予的同情。它也不诉苦，它对于它的房屋和它的小提琴都很满足。它像个喜欢安静的哲学家，它躲开那些追求享乐者的骚扰，并且深深感到这种逃避的愉快。

　　是的，这种描写总算还正确。不过蟋蟀仍然需要几行文字将它的优点再公布一下，自从拉·封丹忽略它以后，它已等待得太久了。

　　对于我这样一个自然学者，两篇寓言中最重要的一点，就是它的巢穴，教训便建立在这上面。弗罗里安谈到它安适的隐居地；另一个赞美它低下的家庭。所以，最能引起人注意的，无疑是它的住宅，甚至这个不大注意实际事务的诗人也注意到了。

　　确实，在这件事上，蟋蟀是超群的。在各种昆虫中，只有它长大后，有固定的家庭，这是它工作的报酬。在一年中最坏的季节，大多数别种昆虫，都在临时的隐蔽所中藏身，它们的隐蔽所得来既方便，弃去也毫不足惜。它们之中也有许多制造一些惊人的东西以安置家庭，如棉花袋、树叶做的篮子和水泥的塔等。有许多长期在埋伏处伏着，等待捕获物，例如虎甲虫，掘成一个垂直的洞，用它平坦的青铜色的头塞着洞口。如果有别种昆虫踏到这个迷惑的活门上，它立刻掀起一面来，这位不幸的过客，就坠入陷阱中不见了。蚁狮在沙上做成一个倾斜的隧道。它的牺牲者——蚂蚁——从倾斜的面上滑下去，立刻就被用石击毙，那隧道里面的猎者把项颈做成一种石弩。但是这些都是一种临时的躲藏所或陷阱而已。

辛苦勤劳建筑的家，无论是快乐的春天，或可怕的冬季，昆虫在那里住下来，都不想迁移；一种真正的住家，为着安全和舒适而建筑，并不是为了狩猎或育儿的，那么，只有蟋蟀的家了。在一些有阳光的草坡上，它就是那个隐居所的主人。当别的昆虫在过着流浪生活，卧在露天里或枯叶和石头的下面，或老树的树皮下，蟋蟀却是一个有固定居所的享有特权者。建造一所住房实在是一个重大的问题。不过这已为蟋蟀、兔子，最后为人类所解决。在我的邻近的地方，有狐狸和獾猪的洞穴，大部分是不整齐的岩石形成的。很少经过修整，只要有个洞就算了。兔子要比它们聪明些，如果那里没有天然的洞穴，可使它住下以免外间的烦扰的话，它就拣它所欢喜的地方去挖掘住所。

蟋蟀比它们更要聪明得多。它轻视偶然碰到的隐处，它常常慎重地选择住宅的地址，一定要排水优良，并且有温暖阳光的地方。它不利用既成的洞穴，因为不适宜，而且草率；它的别墅都是自己一点点掘的，从大厅一直到卧室。

除了人类，我没有看到建筑技术有比它高明的；就是人类，在掺和沙石和灰泥使它固结和用黏土涂壁的方法未发明以前，还是以岩石为隐蔽所和野兽斗争的，为什么这样特别的本能，单独赋予这种动物呢？最低下的动物，却可以有一个完善的住宅。它有一个家，它有平静的无上的舒服的退隐之所；同时在它附近的地方谁都不能住下来。除了我们人类以外，没有谁同它来争夺。

　　它怎么会有这样的才能呢？它有特别的工具吗？不，蟋蟀并不是掘凿技术的专家；实际上，人因为看到它的工具的柔弱，所以对这样的结果就引以为奇了。

　　是不是因为它皮肤太嫩，而需要一个住家呢？也不是，它的同类，有和它一样感觉灵敏的皮肤，但并不怕在露天下生活。

　　那么它建筑住所的才能，是不是因它身体结构上的原因呢？它有没有做这项工作的特殊器官呢？没有，我附近地方，有三种别的蟋蟀，它们的外表、颜色、构造，都很像田野的蟋蟀，猛一看，常常都当是它。这些一个模子下来的同类，竟没有一个晓得怎么掘一个住所。一种双斑点的蟋蟀，住在潮湿地方的草堆里；孤独的蟋蟀，在园丁翻起的土块上跳来跳去；而波尔多蟋蟀，甚至毫无恐惧地闯到我们屋子里来，从八月到九月，在那些黑暗而凉爽的地方，小心地歌唱。

蟋 蟀

这是一种最低级的动物，它能把自己的居所安排得十分满意，它有一个家；它有一个安静的、舒适无比的退隐之所。

继续讨论这些问题，毫无意义。因为答案总是反面的。本能从来不把原因告诉我们。依靠身体上的工具来解释，也不能给我们多大的帮助，昆虫身上的东西，没有什么能给我们作解释，使我们能够知道它的原因的。这四种类似的蟋蟀中，只有一种能掘穴，所以如要知道本能的由来，还须更进一步去研究。

　　哪一个不晓得蟋蟀的家呢？哪一个在儿童时代，到田野里去游戏的时候，没有到过这隐士的房屋前呢？无论你走得多么轻，它都能听得见你来了，并且立刻躲到隐蔽地方的底下去。当你到的时候，它早已离开了它的门前。

　　人人都知道用什么方法将这隐匿者引逗出来，你拿起一根草，放在洞中去轻轻地转动。它以为上面发生了什么事情，这被搔痒和窘恼的蟋蟀从后面房间跑上来了，停在过道中，猜疑着，鼓动它的细触须打探。它渐渐跑到亮光处来，只要一跑出外面，就很容易被捉到，因为这些事，已经将它的简单的头脑弄昏了。如果第一次被它逃脱，它就会非常疑惧，不肯再出来。在这种情形之下，可以用一杯水将它冲出来。

　　我们的儿童时代，那时候真可羡慕，我们到草地去捉蟋蟀，养在笼子里，用莴苣叶喂它们。现在又到我这里来了，我搜索它们的窠，为了研究它们。儿童时代如同昨日一样，当我的同伴小保罗，一个利用草须的专家，在长时间地施行他的技术和忍耐以后，忽然兴奋地叫道："我捉住它了！我捉住它了！"

快些，这里有一个袋子！我的小蟋蟀，你进去吧，你可安居在这里，还有丰足的饮食；不过你一定要告诉我们一些事情，第一件就是必须让我看看你的家。

二　它的住屋

在朝着阳光的堤岸上，青草丛中，隐着一个倾斜的隧道，这里即使有骤雨，即刻也就会干的。这隧道最多是九寸深，不过一指宽，依着土地的天然状况或弯曲或成直线。差不多像定例一样，总有一丛草将这所住屋半掩着，其作用如一间门洞，将进出的孔道隐于阴影之下。蟋蟀出来吃周围的嫩草时，决不碰及这一丛草。那微斜的门口，仔细耙扫，收拾得很广阔；这就是它的平台，当四周的事物都很平静时，蟋蟀就坐在这里弹它的四弦提琴。

屋子的内部并不奢华，有暴露但并不粗糙的墙。住户很有闲暇去修理任何粗糙的地方。隧道之底就是卧室，这里比别处修饰得略精细，并且宽大些。大体上讲，是一个很简单的住所，非常清洁，没有潮湿，一切都合乎卫生的条件。在另一方面说来，假使我们想到蟋蟀用以掘地的工具的简单，这真是一件伟大的工程了。如果我们要知道它怎样做的和它什么时候开始做的，我们一定要从蟋蟀刚刚下卵的时候讲起。

蟋蟀像白面孔螽斯一样把卵单个地产在深约一寸的四分之三的土里。它将它们排列成群，大约总数有五百到六百个。这卵真像一种惊人的机械。孵化以后，看来如一只不透光的灰白色的长瓶，顶上有一个圆而整齐的孔。孔边上有一顶小帽，像一个盖子。这盖的去掉，并不是因为蚱蜢在里面冲撞而破裂，而是沿着一条环绕着的线——一种抵抗力很弱的线条——自己裂开来的。

卵产下两星期以后，前端现出两个大而圆的黑点。在这两点的上面一点，正在长瓶的头顶上，你可以看见一条环绕着的薄薄的突起线。壳子将来就在这条线上裂开。不久，因卵的透明，可以允许我们看出这个小动物身上的节。现在是可注意的时候了，特别是在早上。

必须有恒心才能有好运气，假使我们不断地到卵边去看，我们会得到报酬。在突起的线的四周，壳的抵抗力已渐渐消失，卵的一端因此分开。因为被里面小动物的头部推动，它升起来，落在一边，好像小香水瓶的盖子，蟋蟀就从瓶里跳出来。

当它出去以后，卵壳还是长形的，依旧光滑、完整、洁白，帽子挂在口上的一边。鸡蛋的破裂，是被小鸡嘴尖上生的小硬瘤撞破的；

蟋蟀的卵做得更机巧，和象牙盒子相似，能把盖打开。小动物的头顶，已足够做这件工作了。

我在上面说过，盖子去掉以后，一个幼小的蟋蟀跳出来，这句话还不十分正确。那里所出现的，是一个穿着裹紧的衣服，还不能辨别出来的襁褓中的蛴螬。你应该记得，蝤斯以同样的方法在土中孵化，当来到地面上时，也穿着一件保护身体的外衣的。蟋蟀和蝤斯是同类，虽然事实上并不需要，但它也穿一件同样的制服。蝤斯的卵留在地下有八个月之久，它出来时，必须和已经变硬的土壤搏斗，所以需要一件长衣保护它的长腿；但是蟋蟀比较短壮，而且卵在地下也不过几天，它出来时无非只要穿过粉状的泥土。为了这些理由，它不需要外衣，它就把它抛弃在壳子里了。

当它脱去襁褓时，蟋蟀差不多完全是灰白色的，开始和当前的泥土战斗。它用大颚咬出来，将一些毫无抵抗力的泥土扫在旁边和踢到后面去。它很快地就在土面上，享受着日光，并冒着和它同类冲突的危险。它是这样弱小的可怜虫，还不如一个跳蚤大。

二十四小时以后，它变成黑色，它的黑檀色足以和发育完全的蟋蟀媲美。它原来的灰白色所遗留下的，只是一条白带，围绕着胸部。它非常灵敏和活泼，不时用长而时常颤动的触须试探四周的情况，并且激烈地到处奔跑跳跃。总有一天，它会胖得不能如此任性地耍闹。

现在我们要看一看为什么母蟋蟀要生这么多的卵。这是因为多数的小动物要被处死刑的。它们被别种动物大量地屠杀，特别是被小型的灰蜥蜴和蚂蚁。蚂蚁这种讨厌的强盗，常常不留一只蟋蟀在我的花园里。它一口咬住这可怜的小动物，狼吞虎咽地将它们吞下。

　　唉，这个可恨的恶人，请想想看，我们还将蚂蚁放在高级的昆虫当中，为它写了很多书，赞不绝口。自然科学家对它很尊崇，日渐增加它的声誉。

　　做有益的清道夫工作的甲虫，并没有人去理会，而吃人血的蚊虫，却每个人都知道；同时人们也知道带着毒剑的暴躁、虚夸的黄蜂及专做坏事的蚂蚁，后者在我们南方的村庄中，常常跑到别人家弄坏桷橼，就好像吃无花果般地高兴。

　　我花园中的蟋蟀，被蚂蚁残杀尽，使我不得不跑到外面去寻找它们。八月，在落叶中的草还没有完全被太阳晒枯，我看到新生的蟋蟀已经比较大，现在已全身都是黑色，白胸带的痕迹一些也不存在了。在这个时期，它的生活是流浪的；一片枯叶，一块扁石头，已足够应付它的需要了。

　　许多从蚂蚁口中逃脱而残生的蟋蟀，现在成了黄蜂的牺牲品，它们猎取这些游行者，把它们贮藏在地下。它们如果提早几个星期掘住宅，就没有危险了；但它们从未想到，它们老守着旧习惯。

　　一直要到十月之末，寒气开始迫人时，它们才动手造巢穴。如果以我观察关在笼中的蟋蟀来判断，这项工作是很简单的。掘穴决不在裸露的地面着手，而是常常在莴苣叶——残留下来的食物——掩盖的地点。这是替代草丛的，似乎为了使它的住宅秘密起见，那是不可缺少的。

　　这位矿工用前足扒土，并用大颚的钳子，拔去较大的砾块。我看到它用强有力的后足踏，后腿上有两排锯齿；同时我也看到它扫清尘土，推到后面，将它倾斜地铺开。这样，你可以知道它全部的方法了。

　　工作开始做得很快。在我笼子里的土中，它钻在底下两小时，它不时地到进出口来，但常常是向后面不停地扫着。如果它感到疲劳，它可以在未完工的家门口休息一会，头朝着外面，触须无力地在摆动。不久它又进去，用钳子和耙继续工作。后来休息的时间渐渐加长，使我有些不耐烦了。

　　工作最重要的部分已经完成。洞有两寸深，已足供暂时的需用了。余下的是长时间的工作，可以慢慢地做，今天做一点，明天做一点。这个洞可以随天气的变冷和身体的增大而加深加阔。即使在冬天，只要气候还比较温和，太阳晒在住宅的门口时，还是可以看见蟋蟀从里面抛出泥土来。在春季享乐的天气里，这住宅的修理工作仍然继续不已。改良和修饰的工作，总是不断地在进行着，直到主人死去。

　　四月之末，蟋蟀开始唱歌；最初是生疏而羞涩的独唱，不久，就成合奏乐，每块泥土都夸赞它的奏乐者了。我乐意将它列于春天唱歌者之首。在我们的废地上，百里香和欧薄荷盛开时，百灵鸟如火箭似的飞起来，放开喉咙歌唱，将甜美的歌曲，从天空散布到地上。下面的蟋蟀，唱歌相和。它们的歌单调而无艺术性，但它的缺乏艺术性和它苏生之单纯喜悦正相适合，这是惊醒的歌颂，也是萌芽的种子和初生的叶片所了解的歌颂。对于这种二重奏，我敢说蟋蟀是优胜者。拿它的数目和不间断的音节来说，是当之无愧的。摇荡在日光下，散布着芬芳的欧薄荷，把田野染成灰蓝色，即使百灵鸟停止了歌声，田野仍然可以由这些淳朴的歌手得到一曲赞美之歌。

三　它的乐器

　　为了科学的研究，我们可以很直率地对蟋蟀说："将你的乐器给我们看看。"

　　像各种真有价值的东西一样，它是非常简单的。它的构造和螽斯的乐器是根据同样的原理，它只是一只弓，弓上有一只钩子和一种振动膜。右翼鞘盖着左翼鞘，差不多完全遮盖着，除却后面及折转包在体侧的一部分；这种样式与我们先前看到的蚱蜢、螽斯及其同类者相反。蟋蟀是右面的遮盖着左面的，而蚱蜢等，却是左面的遮盖右面的。

两个翼鞘的构造完全一样；知道这一个，就知道那一个。它们平铺在蟋蟀的背上，旁边突然斜下成直角，紧裹着身体，上面有细脉。

如果你把两个翼鞘其中的一个揭开，朝着亮光，你可以见到那是极淡的淡红色的，除却两个联结着的地方；前面是一个三角形的大的，后面是一个椭圆形的小的。上面有模糊的皱纹，这两处地方就是发声器。此处的皮是透明的，比别处要细密些，但是微带烟灰色。

在前头那一部分的后面边沿上，有两个弯曲而平行的脉，这脉线的当中有一个空隙。空隙中有五条或六条黑的皱纹，看来好像梯子的梯级。它们是供摩擦用的，增加弓的接触点的数目，可以使振动加强。

在下面，围绕空隙的两条脉之一，成为肋状，切成钩的样子。这就是弓。它生着约一百五十个三角形的齿，排列得很整齐，很合几何的原理。

这确实是精致的乐器。弓上的一百五十个齿，嵌在对面翼鞘的梯级里，使四个发声器同时振动；下面的一对直接摩擦而发声，上面的一对是由于摩擦器械的震动而发声。它用四只发音器能将音乐传到数百码以外，这声音是如何地急促啊！

　　它的声音可以与蝉的清亮相抗，而不像蝉的声音那样粗鲁。它的优点是它知道怎么样调节它的歌曲。我已说过，翼鞘向两方面伸出，非常开阔。这就是制音器；把它放低一点，能改变声音的强度。根据它们与蟋蟀柔软身体接触的程度，可以使蟋蟀随意用柔和的音调低唱，或用响亮的音调高歌。

　　两个翼盘的完全相似，是很值得注意的。我可以清楚地看到上面弓的作用和四个发音地方的动作；但是下面的一个，那左翼的弓有什么用处呢？它并不放在任何东西上，同样装饰着齿的钩子却无处可敲。它完全没用，除非两部分的器具能调换位置，把下面的可以放到上面去。如果这件事可以办到，它的器具的功用还是和先前相同，不过利用现在没有用的那只弓演奏了。下面的弓，变成上面的，所奏的调子还是一样的。

　　最初我以为蟋蟀的两只弓都用的，至少它们有些是用左面一只的。但是观察的结果，与我的想象相反：所有我考察过的蟋蟀——数目很多——都是右翼鞘盖在左翼鞘上面的，没有一个例外。

我甚至用人为的方法来做这自然不肯指示我们的事情。我非常轻巧地，决不碰坏翼鞘，用我的钳子，把左翼鞘放在右翼鞘上。只要有一点技巧和忍耐心，这是非常容易做到的。事情的各方面都很好：肩上没有脱臼，翼膜也没有折皱。

我很希望蟋蟀在这个状态下能歌唱，但不久我就失望了。它开始忍耐了一些时，但是不久感觉到不舒服，努力将它的器具回复原来的状态。我一再弄了好几回，但是蟋蟀的顽固胜过我了。

后来我想，我这种实验应该在它的翼鞘还是新而软的时候做，就是在蛴螬刚刚蜕下皮的时候。我得到一个正在蜕化的。在这个时期，它未来的翼和翼鞘就好像四个极小的薄片，它的短小的形状，和它那种朝着不同的方向平铺的样子，使我想到奥汾涅那里的制干酪者所穿的短马甲。这蛴螬不久在我的面前脱去了这衣服。

翼鞘一点一点长大，渐渐地张开。这时还看不出哪一扇翼鞘将盖在上面。后来两边相接了；又过一会，右边的就要盖到左边的上面去了。这是我加以干涉的时候了。

我用一根草轻轻地调换它们的位置，使左翼鞘的边盖在右面上，蟋蟀虽然有些反抗，但是终究我成功了；左面的翼鞘稍稍推向前方，虽然只有一点点。于是我就不管了，翼鞘就在这变换过的位置下长大。蟋蟀变成左右发展的了，我很希望它能用它家庭中从未用过的琴弓。

等到第三天，它就开始了。听到几声摩擦的声音，好像机器的齿轮不相密合，在把它凑好。然后调子开始了，还是它固有的音调。

唉！我过于信任那根草了。我以为已造成一种新式奏乐师，然而我一无所得！蟋蟀仍然拉它右面的琴弓，而且常常如此拉。它拼命地努力，将我颠倒旋转的翼鞘放在原来的位置，以致肩膀脱臼，现在它已将应该放在上面的仍放在上面，应该放在下面的仍放在下面了。我以欠缺科学的方法，想把它做成左手的弹奏者。它嘲笑我的计谋，它还是用右手终其一生。

乐器已讲得够了，让我们听听它的音乐吧！蟋蟀是在温和的阳光之下，在它的门口唱歌，从不在屋里唱。翼鞘发出克利克利的柔和振动声。音调圆满、响亮而精美，而且无休止地继续下去。整个春天的寂寞时光就这样消遣过去。这隐士最初的歌是为了自己快乐。它在歌颂照在它身上的阳光、供给它食物的青草和给它居住的平安隐地。它的弓的第一个目的，是歌颂它生存的快乐。

到后来，它为了它的伴侣而弹奏。但是据实说来，它的这种关心并没有受到感谢的回报；因为到后来它和它的伴侣争斗得很凶，除非它逃走，也常会弄成残废，甚至有被对方吃掉的情形。不过无论如何，它不久总要死的，就是它逃脱了好争斗的伴侣，它六月里也要灭亡的。听说喜欢音乐的希腊人，常将蝉养在笼子里，倾听它们的歌声。然而我不敢相信这回事。

第一，它的烦嚣的声音，如靠近听，耳朵是很难受的。习惯优美音乐的希腊人恐怕不见得爱听这种粗粝的、田野间的音乐吧！

第二，蝉是不能养在笼子里的，除非我们连洋橄榄树或筴悬木一齐都罩在里面。并且只要关上一天工夫，就会使这高飞的昆虫厌倦而死的。

将蟋蟀误为蝉，好像将蝉误作蚱蜢，事实并非不可能。如果这说的是蟋蟀，那就对了。它能很愉快地忍受囚禁。由于它那种不出家门的生活方式，使得它能在笼子里安之若素。只要它每天有莴苣叶子吃，就是关在不及拳头大的笼子里，它也生活得很快乐，不住地叫。雅典小孩子挂在窗口笼子里养的，不就是它吗？

普罗旺斯的小孩子以及南方各处的，都有同样的嗜好。至于在城里，蟋蟀更成孩子们宝贵的财产了。这种虫，受宠爱、吃美食，对他们唱乡间的快乐之歌。它的死能使全家的人都感到悲哀。

我们附近的其他三种蟋蟀，都有同样的音乐器具，不过微细处稍有不同。它们的歌在各方面都很相像，只是身材大小不一样。有时到我家厨房的黑暗处来的波尔多蟋蟀，是一族中之最小者，它的歌声很轻微，必须侧耳静听才能听得见。

田野间的蟋蟀，在春天阳光最足的时候歌唱，在寂静的夏夜，我们就听到意大利的蟋蟀了。它是个瘦弱的昆虫，颜色发淡，差不多成白色，似乎和它夜间行动的习惯相适合。如果你将它放在手指中，你就怕会把它捏扁。它喜欢高高地住在空中、各种灌木丛里或比较高的草上，很少爬下地面来。七月至十月这些炎热的晚上，它甜蜜的歌声，从太阳落山起，继续至半夜不止。

　　普罗旺斯的人都熟悉它的歌，因为在最小的灌木丛中也有它的乐队。很柔和很慢的"格里里格里里"的声音，加以轻微的颤音，格外有意思。如果没有什么事打扰它，这种声韵继续不改变；但是只要有一点响声，它就变成了一个口技表演者。你本来听见它很靠近地在你前面歌唱，忽然你听起来它已在十五码以外了。你向着这个声音走去，它并不在那里，声音还是从原来的地方来的。其实，也并不对。这声音是从左面，还是后面来的呢？完全被它弄糊涂了，简直找不出歌声发出的地点。

　　距离不定的幻声，是由两种方法构成的。声音的高低与抑扬，依照下翼鞘受弓压抑的部分而不同，同时它们也受翼鞘位置的影响。如要高的声音，翼鞘就抬得很高；如要低的声音，翼鞘就低一点下来。淡色蟋蟀要迷惑捉它的人，把颤动板的边缘紧压住它柔软的身体。

　　在八月夜深人静的晚上，我所知道的昆虫中，没有歌声比它更动人、更清晰了。我常常卧在我哈麻司里迷迭香丛中的草地上，聆听这种悦耳的音乐。

意大利蟋蟀群集在我的小园中。每一株开着红花的野玫瑰上，都有它的歌手，欧薄荷上也有很多。野草莓树、小松树，也都变成音乐场。并且它的声音清澈、富有美感，所以在这个小世界中，从每丛小树到每一根树枝上，都飘出颂扬生存的快乐之歌。

在我高高的头顶上，天鹅飞翔于银河之间，下面围绕着我的，有昆虫的音乐，时起时息。微小的生命，诉说它的快乐，使我忘记了星辰的美景。那些天眼，向下看着我，静静的，冷冷的，但一点不能打动我内在的心弦。为什么呢？它们缺少大秘密——生命。确实的，我们的理智告诉我们：天上的恒星群，晒暖了许多像我们这样的世界；不过究竟说来，这种信念也等于一种猜想，这不是一件确定无疑的事。

相反的，我的蟋蟀，我因为和你们在一起，使我感到生命的蓬勃，这是我们躯体中的活力；这就是我为什么不看天上的星辰，而将我的注意力集中于你们的夜歌了！一个活的微点——最小最小的有生命的一粒——能够知道快乐和痛苦，比无限大的单纯的物质，更能引起我的无穷兴趣。

第十三章

西绪弗斯^①

　　我希望你们听了关于清道的甲虫做球的技能，还不厌倦。我已经告诉过你们神圣甲虫和西班牙犀头的技能，现在我想再讲一些这种动物的另外一种。在昆虫的世界里，我们遇到很多模范的母亲，现在为了公平起见，来注意一回好的父亲吧！

　　除非在高等动物中，好的父亲是很少见的。在这方面，鸟类是优秀的，兽类也能尽这种义务。低级的动物当中，父亲对于家庭是

---

　　① 神话中西绪弗斯（Sisyphus）本为科林斯（Corinth）王的名字，被谪罚在下界，做转运大石上山的苦工。这种甲虫的名字叫西绪弗斯，是表示它也是在做转运重球爬险峻地方的苦工的意思。

漠不关心的，仅有极少数的例外。这种无情，在高级动物界里是最可耻的，而且它们的幼小的动物需要长时间的看护；在昆虫的父亲，是可以原谅的。因为新生昆虫很健壮，只要有适当的地方，很可以无需帮助而得到食物。例如粉蝶为种族的安全，只需要将它的卵产在菜叶上，父亲的当心有什么用呢？母亲有利用植物的本能，无需帮助的。在产卵的时候，是不需要父亲的。

许多的昆虫都采用这种简单的养育法。它们只要找一个餐室，当作幼虫孵化后的家，或者找一个地方，使幼虫自己能觅到适当的食物。在这种情形下，父亲是不需要的，它通常到死都没有在养育后代的工作中给以丝毫的帮助。

然而事情也不是常常按这种原始的方式进行的。有些种类为它们的家庭预备下妆奁，作为它们将来的食宿。尤其蜜蜂和黄蜂，它们都是营造小窠、小瓶、口袋等的专家，蜜就积贮在小瓶小窠里；它们善于建筑土穴，储藏着野味，给蛴螬做食物。

然而这种从事建筑、收集食物，花去了全部生命的伟大的工作，往往是母亲单独做的。这工作累得它精疲力竭，耗去它的生命。父亲却沉醉于日光下，懒惰地立在作场之旁，看着它勤劳的伴侣在从事工作。

为什么它不帮助母亲一下呢？它从没有过。为什么它不学学燕子的夫妻，它们都带一些草、一些泥土到窠里，或带一些小虫给小鸟呢？它一点也没有做那种事。也许它借口比较衰弱无力，这是个不充足的理由。因为割下一块叶子，或从植物上摘下些棉花，或从泥土中收集一点水泥，是它力量所能做到的。它很可以像工人一样地帮助它；它很适宜于为母亲收集一些材料，再由比它聪明的母亲建筑起来。它不做的真正原因，是因它不会做而已。

这是很奇怪的，多数能从事劳动的昆虫，竟不知道负起父亲的责任。谁都会以为它为了幼虫的需要，应当发挥最高的才能，但是它竟愚钝如蝴蝶，对于家族是很少费力的。我们每一次都不能回答下面的问题：为什么一种昆虫有某一种特别的本能，而另外一种昆虫却没有呢？当我们见清道的甲虫有这种高贵的品质，而收蜜者却没有，使我们非常惊奇而难解。好多种清道甲虫惯于负起家庭的重任，并知道两个共同工作的价值。例如蜣螂夫妻，共同预备蛴螬的食物，在制造腊肠般食物时，父亲以强有力的挤压来帮助母亲。它就是家庭共同劳动习惯的最好的榜样，它在一般自私的情形中，是最稀罕的一个例外。

关于这件事，经我长期的研究，在这个例子之外，我又可以增加另外的三个例子，全都是清道甲虫合作的事实。

这三个之中的一个是西绪弗斯，它是搓丸药者当中最小最勤劳的一个。它在它们当中最活泼、最灵敏，并且毫不介意在危险的道路上的倾跌和翻筋斗，在那里它固执地三番五次地爬起来倒下去。因为那种疯狂的体操，所以拉特雷昂给它起了一个名字，叫"西绪弗斯"。

我想你们总应该知道，一个人变得很著名，一定要经过一番艰苦的奋斗。神话中的西绪弗斯被迫把一块大石滚上高山；每一次好容易到了山顶时，那石头又滑脱他的手，滚到山脚下。我很喜欢这个神话。我们许多人都有这类的生活经验。就我自己说，刻苦地攀登峻峭的山坡已有五十多年，把自己的精力全浪费在为谋取每日的面包的挣扎之中。一块面包很难拿稳，它一经滑脱，便滚下去，落在深渊里。

我们现在所谈及的西绪弗斯，就不知道有这种困难，它不被峻峭的山坡所阻挠，在那里愉快地滚着粮食，有时供给它自己，有时供给它的子女。在我们这些地方，它是很少见的；并且如果我没有前几次提起过的那个助手，我也没有方法可以得到这么多的目的物来研究。

我的小儿子保罗，年纪才七岁。他是我猎取昆虫的热心的同伴，而且比任何同年龄的小孩，更清楚地知道蝉、蝗虫、蟋蟀的秘密，尤其是对于清道的甲虫。他的锐利的眼光能在二十步以外，辨别出地上隆起的土堆，哪一个是甲虫的巢穴。他的灵敏的耳朵可以听到螽斯微细的歌声，在我是完全听不见的。他帮助我看和听，同时我就把意见供给他以作交换，他是很注意地接受的。

小保罗有他自己的养虫笼子，神圣的甲虫在里面为他做梨；他在自己的同手帕差不多大小的花园里，种着豆子，他常常将它们掘起来，看看小根长了一些没有；他的林地上，有四株小槲树，只有手掌那样高，一边还连着槲树子，在供给它们养料。这是他学习文法之余极好的消遣，对于他文法方面的进步毫无妨害的。

五月将近的日子，有一天保罗同我起得很早，连早点都没有吃就出去了。我们在山脚下搜索，如果有羊群的话，这里倒是一个好牧场。在这里，我们寻到了西绪弗斯，保罗非常热心地搜索，不久我们得了足足好几对。

为了使它们长得健旺，必须给它们预备一个铁丝的罩子、沙土的床和食物——为了这个我们也变成清道者了。它们的身体很小，还不及樱桃核大，形状也很奇怪：一个短而肥的身体，后部是尖的，足很长，伸开来和蜘蛛的脚相像；后足更长，并且弯曲，爬土与搓小球时最有用。

不久，建立家庭的时候到了。父亲和母亲同样热心地搓卷、搬运和储藏食物给它们的子女。利用前足的刀子，从食物上随意地割下小块来。两个一同工作，轻轻地抚拍和紧压，把它做成一粒豌豆大的球。

和在神圣甲虫的作场里一样，做成正确的圆形，用不着机械的力量来滚这球。材料在没有移动之前，甚至在没有抬起时，就已做成圆形了。现在我们又有一个图形学家，善于制造保存食物的最好的式样。

球不久就成功了。现在必须用力地滚动，使成一层硬壳，可以保护里面柔软的物质不致变得太干燥。我们可以从它那较大的身材辨别出来哪一个是母亲，它在前面全副武装着处于优越的地位。它将它长长的后足放在地上，前足放在球上，将球朝自己的身边拉，向后退走。父亲处在相反的地位，头向着下面，在后面推。这与神圣甲虫两个在一起工作时的方法相同，不过目的两样，西绪弗斯夫妻是为蛴螬搬运食物；而大的滚梨者（即神圣甲虫）则制备美食为自己在地下大嚼。

这一对甲虫在地面上走，它们没有固定的目标，只是一直地走下去，不管横在路中的障碍物。这样倒退着走，阻碍当然是免不了的，但是即使看到了，它们也不会绕过它们走。它甚至做顽固的尝试，想爬过我的铁丝笼子。这是一种费力而且不可能的工作。母亲的后足抓住铁丝网将球向它拉来；然后用前足抱住它，把球抱起在空中。

西绪弗斯

母亲全副武装处于优越的地位，在前面；
父亲以相反的方向在后面推，头部朝下。

父亲觉得无法推就抱住了球，伏在上面，把它身体的重量，加在球上，不再费什么气力了。这种努力不可能维持下去，于是球和上面的骑者，滚成一团，掉落到地上。母亲从上面惊异地看着下面，于是下来，扶好这个球，重新做它所不可能的尝试。一再的跌落之后，才放弃攀爬。

就是在平地上运输也不是全无困难的。时刻都可碰到隆起的石头堆，货物也就因此翻倒。推的也倒翻了，仰卧着把脚乱踢。不过这是小事情，很小很小的事情。西绪弗斯是常常倒翻的，它并不注意；甚至有人也许以为它是喜欢这样的。无论如何，球是变硬了，而且相当地坚固。跌倒、颠簸等都是程序单上的一部分。这种疯狂的越过障碍物的竞赛一直要继续几个钟点。

最后母亲认为工作已经完毕，跑到附近找个适当的地点。父亲留守，蹲在宝物的上面。如果它的伴侣离开太久，它就用它高举的后足灵活地搓球以解闷。它处置它宝贵的小球，如同演戏的处置他的球一样。它用它弯形的腿试验那球是否匀整，它那两只腿就好像圆规的两足。那种高兴的样子，无论谁看了，都不会怀疑它那种生活的满足——父亲保障它子女将来幸运的满足。

它好像是说："是我搓成这块圆球的，是我给我的儿子们做的面包！"

并且它把这个壮丽的劳动果实高高举起，使大家都能看到。这时候，母亲已经找到了用作埋藏的地方。开始的一小部分工作已经做了，已经做下一个浅穴，将球推近这里。守卫的父亲一刻也不离开，母亲在那里用足和颚掘土。不久，地穴的大小，已经可以容得下球。它始终坚持把球靠近自己；在穴做成以前，它一定要使球在它的背后上下摆动，以免寄生物的侵害。若把它放在洞穴边上，一直等到这个家完成，它害怕会有什么不幸的事发生。很多蚊蝇和别种动物，会出其不意地来获取。因此不能不格外当心。

　　于是圆球已经一半放在尚未完成的土穴里了。母亲在下面，用足把球抱住往下拉；父亲在上面，轻轻地往下放，并且注意落下去的泥土会不会将穴塞住，一切很顺利。掘凿进行着，球继续往下放，老是那么小心：一个往下拉，一个控制着落下去的速度，并清除着一切障碍物。再进一步的努力，球和两个矿工都到地下去了。以后所要做的事，是把从前做好的事再重复一遍。并且我们必须再等半天或几个钟点。

　　如果我们仔细地等待着，我们可以见到父亲又单独到地面上来，蹲在靠近土穴的沙上。母亲为了尽它的伴侣不能尽的义务，常常迟延到第二天才出现。最后它出来了，父亲才离开它瞌睡的地点，同它会合。这对重新联合在一起的夫妇，又回到它们可能找到食物的地方，休息一会，又收集起材料来。于是这两个又重新工作，它们又一起塑模型、运输和储藏球。

我对于这种恒心很佩服。然而我不敢公然宣布，这是甲虫共同的习惯。无疑的，有许多甲虫是轻浮、无恒心的。但不要紧，就我所看见的这一点，我对于西绪弗斯爱护家庭的习性，已经很看重了。

现在是我们察看土窠的时候了。在不很深的地方，我看见墙壁上有一个小空隙，其宽广可以容母亲在球旁转动。由于卧室的窄小，我们可以知道父亲是不能在那里留得很久的。当工作室准备好了以后，它一定要跑出去，以便腾出地方来给女雕刻家。

地窖中单单储藏着一只球，这是一件艺术的杰作。它的形状和神圣甲虫的梨相同，不过小得多，因为小，表面的光滑和圆形之准确，更加令人惊讶，最阔的地方，它的直径量起来只有一寸的二分之一至四分之三。

另外还有一件对于西绪弗斯的观察。在我铁丝罩下的六对，共做了五十七个梨，每个当中都有一个卵——每一对平均有九个以上的蛴螬。神圣甲虫远不及此数。什么原因它会传下这么多的后代呢？我看只有一个理由，就是父亲和母亲共同工作。一个家庭的负担，单独的精力是不足应付的，两个分担起来就不觉太重了。

第十四章

抱 蚁^①

一　蛴螬的家

　　十八世纪的哲学家孔狄亚克，叙述过一种理想的偶像，它和人的构造相同，但没有人的知觉。然后他描写将五种知觉一一给予它以后的结果，他所给它的第一种知觉是嗅觉。这个偶像除嗅觉外，没有其他的感觉，只能嗅玫瑰花香，而且从这一种感受中，就可演化出一切的观念。我幼年时，这个偶像曾使我得到不少快乐的时光。我好像看到它在嗅的动作上，获得了生命，获得了记忆、思考、判

――――――――――
　　① 抱蚁，甲虫的一种。

断及其他心理上的素质，甚至像静水受沙石的冲撞而激动。受了动物的教导，我从迷惘中回复过来。抱蚗所教给我的，比孔狄亚克所引起我想象的更奥妙。

我冬天用的燃料已经用斧头、木槌等物预备好，同时斫木头的人也依着我的嘱咐，在他木堆中挑最老且最腐烂的给我。我的嗜好，使他的唇边露着微笑；他很惊奇，以为我有什么怪癖，宁愿要虫子吃过的木材，不要很好烧的好木材。我有我的见解，他也只好依从我。

一段槲木上布满了疤痕和伤斑，然而正有着不少可供我研究的宝物呢！用木槌凿子将木段斫开；在里面干燥有孔的部分，住着很多各种各样能够度过严寒的昆虫。这儿成了它们的冬季寄宿所。在有些昆虫筑下的低矮的隧道中，竹蜂做下许多小穴，一个接着一个地累积在一起；空屋子和前廊中，镂萤（蜜蜂的一种）布置下很多叶子做的小瓶；在新鲜的充满了浆汁的木心中，槲树主要的破坏者——抱蚗的蛴螬安置下它的家。

确实的，它们是奇怪的小动物，这些小蛴螬，像微细的肚肠，爬来爬去。在中秋时候，我看到两种年龄不同的蛴螬：年老的一种像指头般粗，另外一种还没有铅笔粗。我还看见，身上已有颜色的蛹和完全长成的昆虫，它们准备着当热天再来时离开树心，在木头中大概生活三年的光景。

这样长期的孤独和监禁，是怎样度过的呢？那是在厚厚的槲树心中懒懒地踱来踱去，或在树心筑路，把废弃的木层就当作食物。《圣经·约伯记》中用比喻的话说马是"吞吃地面的"，将这句话应用到抱蚊的蛴螬里，可以说它吃它开的道路。用木匠用的半圆凿——坚强而黑的大颚，短而没有凹槽，但成为两边锐利的汤匙——掘出隧道来。它从凿下的小片中，榨取稀少的一点液汁，废弃的木屑，就堆在它的身体后面，道路就是这样吃成功的；它向前进行的时候，后面就封塞起来。

　　因为这种艰难的工作是用两只凿子做的——抱蚊的大颚的两个弧形凿——蛴螬身体的前部，一定需要很大的力量，所以那里就胀大成槌状。另外一种劳苦的木匠，黑玉虫的蛴螬，也采取同样的形式，但槌头还要大。雕凿木头的部分必须是强壮有力的；身体的其他部分，只是跟随前进，所以仍然细长。最主要的是颚上的工具必须有一种强固的着力点。抱蚊蛴螬的口旁，因为有一种肥大乌黑角质的甲胄围着，所以凿子很有力；然而除了它的头部和器具的装置，这种蛴螬有和绸缎一样细、和象牙一样白的皮肤。这种死白色是被很厚的一层油脂弄成的，但人们也许想不到动物吃了木头会在体中产生油脂。其实呢，成天成夜地除掉了咬嚼，没有旁的事做，木头吃进它胃内的量，是足以弥补它营养的缺乏的。

　　蛴螬的足简直不能称之为足，不过是将来成甲虫时有足生出来的一点表示罢了。它们是极端的小，对于走路一点用处也没有。甚至与木头都不接触，因为它的胸部过于肥大，不容许它着地。它身体的移进完全是依仗别种器官的。

蔷薇蛴的蛴螬依赖它的毛和脊骨上的垫状突起物的帮助，以做反常的走法，它用背脊在地上蜿蜒而行。抱蛴的蛴螬更加巧妙了，它用背脊和胸部同时来移动。它另有一种像足的行动器官，但和平常的足相反，它生在背上。

在它身体的中部，上面和下面，长着一排七个四边形的足，能够伸开或缩起，随意使它们伸出去或平放着。它就是用了这种足走路的。它要朝前走时，就伸开后面的足，缩起前面的足。背上与腹上的足，都是一样的功用。后面的足膨胀起来塞满了隧道，蛴螬就好用力将身体朝前推。同时前面是缩起来的，减小蛴螬的体积，就能滑向前方，移进半步。但要完成这一步，身体后面的部分也须移动相等的距离。于是前面的足就膨胀去做支撑，后面的足收缩，让出一些空处来，使蛴螬后部的身体能够拉前。

有了背和胸部的两重支撑，交互伸缩，这小动物在隧道中可以很容易地前进或后退，它塞在孔道中是不留穴隙的。但如果足只支撑了一边，前进就不可能。如果将那动物放在我桌子的光滑的木头上，它慢慢扭动着，它的伸缩丝毫不能前进。如果将它放在一段劈下来的槲木上，木面粗糙不平，它就扭动着身体的前部，很慢地，从左到右，从右到左，一耸一落地蜿蜒而行。这就是它所能做到的了。不发达的足没有运动能力，可以说完全没有用处。

二　蛴螬的感觉

抱蚅的蛴螬有这些无用的足，作为未来的足的幼芽；幼虫虽没有一些眼睛的痕迹，成虫之后，却有很锐利的眼睛。在树心的黑暗当中，视觉有什么用处呢？听觉同样的也没有。在寂静无声的槲树心中，听觉是多余的。那里既没有声音，辨别声音的能力又有什么用呢？

为了确定这件事实，我曾做了几回实验。假使把蛴螬的住所直劈开，成为半个隧道，我就可观察这居民的动作。任它静静地待在里边，它用足撑住隧道的两边，咬食着它的隧道，工作一会，又休息一会；我利用它休息的时候，试探它听觉的能力。硬东西相撞、金属物相击及锯锉相锉的声音，都丝毫没有效果。这小动物一点反应没有；不退缩，皮肤也不动，也没有引起注意的样子。我用硬的尖头在它附近的木头上刮，模仿别的蛴螬在邻近工作，也不成功。它对于我所发出的声音，差不多和无生命的东西一样地不理会，这动物实在是聋子。

它能嗅吗？任何方面都告诉我们它不能嗅。嗅觉是找寻食物的帮助，但抱蚍的蛴螬不需要去找寻吃的东西，它是吃房子的；它住在木头里，就以木头为生。然而我也曾试验过：在一段新鲜的柏木上，我做了一条槽，和天然的隧道一般阔，将蛴螬放进去。柏树是很香的，它有一种多数松类植物特具的气味。这种树脂的香气，对于常住在槲木中的蛴螬是很奇异的，应该使它苦恼，使它不安；它应当有一种表示不愉快的动作，和想离开的企图。实际上它一点没有这样；它一经放到槽中，便走到末端，到顶住为止，它就不再动了。于是我在寻常的孔道里，放一块樟脑在它面前，仍然无效。樟脑之后又用石脑油精，还是没有结果。因此，我断定它没有嗅觉，这话并非言之过甚。

无疑味觉是有的。但这是怎样的味觉呵！食物是没有变化的：只有槲树，一直吃上三年，没有别的了。在这样单调的食物里，蛴螬如何能找出味道来呢？有时一块新鲜的、含有浆汁的，味道好一些；有时一块太干的，味道坏些。大概这就是它食物仅有的变换了。

还有触觉，这种被动的感觉，是所有活的动物的肌肉都有的，遇到疼痛的刺激就颤动。所以抱蚍蛴螬的感觉是仅限于这两种，就是味觉与触觉，然而这两种感觉，也只限于最小的程度，比孔狄亚克的偶像稍微强一些。这位哲学家所创造的偶像只有一种感觉——

嗅觉，和我们的同样灵敏；这吃槲树的真正动物，是有两种感觉，但即使合并起来，也比偶像的一种感觉还要低下。后者能嗅知玫瑰花的香气，并能从别种花中分明地辨别出来。

我常有一种虚幻的梦想，就是很想能有几分钟用狗的头脑来思想、用蚊蚋的眼睛来看世界，一切的事物将变成如何的景象！如果仅用蛴螬的智慧来思想或看世界，事物的变化将更大。那个器官不完全的动物由它的触觉和味觉中，知道些什么呢？很少，差不多是没有。它所知道的，仅是最好的一块木头有一种特别的滋味；不光滑的隧道，对于皮肤有些痛苦。这就是它知识的限度了。拿这相比较，偶像有灵敏的鼻孔，简直是知识的奇事。它能记忆、比较、判断和推理。抱蚨的蛴螬能记忆吗？它能理解吗？我先前已经说明过，它像一段能爬的小肠。这种说明就可以解答这些疑问。蛴螬只有小肠的一点感觉，一点不多，一点不少。

三　蛴螬的先见

不过这种半生命的东西，这种"一无所有"的动物倒很有可惊的先见。它对目前的事毫不知道，但未来的事却看得很清楚。

蛴螬在木心中徘徊了整整三年。爬上爬下，爬东爬西；有时离开这里，到另外一个滋味较好的树脉上，但是并不远离树心深处，因为那里气候比靠近表面的地方要温和，而且是安全的地带。不过总有一天，这位隐士要抛下安全的隐居之所，来冒外界的危险。究竟吃是不足以代表它全盘生活的，我们现在抛下这个暂且不谈。

但是怎么样呢？因为这蛴螬在离开树干之前，必须变成一个长着长角的甲虫。并且，蛴螬虽然有很好的工具及强健的肌肉，可以毫无困难地穿过树心木，随意到哪里去，然而未来的抱蚨不一定就有同样的能力。这甲虫短短的生命是要在露天度过的。它有力量开掘一条出来的道路吗？

事实很明显，无论怎样，抱蚨是完全不能利用蛴螬所掘下的隧道的。这个隧道非常长，非常的不整齐，且有一堆堆蛀下的木屑塞住。而且愈近起点，愈加狭小，因为幼虫入树干时，只有草一般的细，现在已经有手指般粗了。在三年的游行中，都照自己身体的大小掘洞的。因此幼虫掘的路，不能作抱蚨出去的路。它过长的触须、长的足、不能伸缩的甲胄，使它不能穿过这条狭小弯曲的隧道。这条道路应该除去木屑，更要尽量地扩大。还是朝着未曾碰过的木头，笔直地向前掘凿，比较容易。这昆虫能做这件事吗？我决定去发现出来。

我在几段槲树中做了几个大小合适的空穴，这槲树是分成两半的，每一个空穴里，放进一个刚由蛴螬变成的抱蚨。然后将两半槲树合起来，用铁丝缚住。当六月时，我听到里面有抓刮声，于是很殷切地等待，看抱蚑是否能够出现。它们顶多只要掘一寸的四分之三。然而终于没有一个能出来。打开来看时，所关的俘虏已经都死了。只有一点木屑在那里，这就是它们做的全部工作。

我对它们的大颚的期望太高了。它们虽有穿孔器具，但因为缺乏技术，不免死亡。我曾试着把它们关在芦苇的残干中，但就是这种比较容易的工作，在它们还是太难。有几只出来了，其余的还是出不来。

抱蚑虽有勇敢的外貌，但是还不能单靠自己的力量离开树干。事实上它的道路是蛴螬——这一段肠——为它预备下来的。

有一种预知——对于我们是个不可猜测的谜——使蛴螬离开它的树心中安全的坚垒，爬向外面，在那里它的敌人啄木鸟很可能把它吞食。它冒着生命的危险，掘而且咬，直到树皮。它只留下极薄极脆弱的一层，隔在它和外界之间。甚至有些鲁莽的，竟将门完全打开。

这就是抱蚑出来的道路。它只要用大颚略咬，用头顶略撞，就可把那帘子推开。甚至，有时完全不要做什么，因为门是开着的。这种事常遇到，无技术的木匠，戴着美丽的冠，当夏日的炎热来临，它就要从黑暗中，经过大门跑出来。

当蛴螬做了这种到外界去的门路的重要的工作后，它即刻就开始忙着变成甲虫了。第一，为了这个目的，它需要空地，所以它缩进隧道里去一点，并在隧道之旁掘下一个变化用的屋子，修饰的华丽和防卫的周密，是我先前所没有见过的。这间房，有弧形的墙壁，长约三寸到四寸，宽度超过高度，小室的宽度，能容这昆虫在里面自由地行动。同时这个堡栅，也比紧密的盒子还坚固得多。

堡栅——蛴螬建筑起来以防备危险的门——是两层的，有时是三层。外层是一堆木屑，即蛀下的木头；里层，是矿质的盖子，即一种凹形的盖，全是整块的，呈白粉色。常常，但不是一定的，两层里面还有一层刨屑。

在三层的门后，蛴螬开始做它变化的准备。小室的旁边是刮过的，成为一层绒毛似的东西，这是由木头分解后的木纤维裂成细线条做成的。这种绒状的材料固着在墙上，成一厚层，做得非常的坚固。因此房屋内是满铺天鹅绒毛的，这是粗鲁的蛴螬小心谨慎的预备，因为它蜕皮以后就将变成柔嫩的动物了。

现在让我们回到这设备的最稀奇的部分，就是进出口里面的一重门。它像一个卵形的小帽，白硬如白垩，里面光滑，外面粗糙，也有些像橡实的壳斗。粗糙的瘤节表明这种材料是很小量的、糊状的、一点点加上去的，后来外面变硬，成为小的白块。动物并不把它们去掉，因为它够不着；但里面是磨光的，因为蛴螬可以够着。这一个盖子硬而易碎，和石灰石的薄片相似。事实上，它是用碳酸石灰做成的，并且有水泥，使白垩浆相当的坚固。

我相信这种石性的沉淀物是从蛴螬胃中某一部分，名叫乳糜室中来的。食物和白垩不相混合，储藏在那里，等到相当的时间，就将它排泄出来。这种软沙石工厂，并不使我奇怪。当各种蛴螬变化为昆虫时，它能做各种化学的工作。有种油甲虫用它收藏废料，有几种黄蜂用它来做胶，用来漆在它的茧的丝上。

当出口已经预备好，窠里装饰着丝绒，并且三层的堡栅关上，这时劳苦的蛴螬的工作已经完了。它放下工具，蜕去皮，变成了一个蛹，非常柔弱，裹在茧的襁褓中，头总是朝着门。这一点，看来虽是小事，然而实际的关系很大。在长的小穴中，随便这样睡或那样睡，对于蛴螬都没有什么大问题，因为它的身体很柔软，容易在狭道中转动，可以采用任何的姿势睡觉。将要出世的抱蚬，就不能享受同样的特权了。穿着角质的甲胄，使它不能转身；甚至连稍微弯身都不能，如果忽然有点弯曲，就要感到狭道的困难。它一定要那门户正在它的面前，否则它就要死在变化室中。真要是蛴螬忘记了这件小事，头向着小室的后面睡下来，抱蚬的生命就完了。它的摇篮就变成无法逃出的土牢。

但是也用不着害怕这种危险。这一段小肠很知道将来的事，会将头放在门口的。春季之末，具有它自己全副精力的抱蚬，梦想着太阳的温暖与亮光的舒服。它要跑出来。

当时它发现了什么呢？第一，是一堆用爪很容易推开的木屑；其次是一块石盖，这无需将它弄碎，因为它能整块地移开。只要用头顶几顶，或用爪拉几拉就移开了。事实上，我见废室前面的盖子还是如原来一样的完好。最后，又是第二堆木层，也与先前一样地容易推散。现在路是通行无阻了，抱蚜只要顺着宽阔的道路前进，就可一点不错地到达出口。如果那大门没有开，所有它应做的事，就是咬开一层很薄的帘子，这件工作非常容易。到了外面的时候，它的长的触角兴奋地颤动着。

我们从它那里学到些什么呢？一点也没有，但从蛴螬身上倒学得很多。感觉器官如此贫乏的蛴螬，供给我们许多可思索的事情。它知道将来穿着坚硬甲胄的甲虫自己不能穿过槲木，开辟出去的道路，所以它冒着危险，为它掘开一条路。它知道抱蚜穿着硬的甲胄，不能转身，所以它在变化以前睡觉时头朝着门口。它知道蛹的皮肤将非常细嫩，于是在卧室中装饰起丝绒。它知道在缓慢的转化时期，敌人要冲进来危害它，所以它在胃里储藏下石灰，做成保护物。它很清楚地晓得未来的事情，说得更正确一点，它的行动好像知道未来一样。

是什么东西教它这样做的呢？当然不是它感觉的经验教它的。外面的东西它知道些什么呢？我再重复一遍，它和一小段肠子所能知道的一样。这种无知觉的动物使我们很惊奇！我很惋惜，哲学家孔狄亚克，他创造一个偶像能嗅玫瑰花香，却没有给它一个本能。动物——包含人类——有一种能力，完全和知觉没有关系；灵感是与生俱来，不是由学习得来的。

　　这种奇异的生活和奇特的先见，并不限于一种蛴螬。除了榭树中的抱蚨以外，还有樱桃树中的抱蚨。这两种抱蚨的外貌完全相同，不过后者身体比较小得多；但这个小抱蚨和它的大的同族，有不相同的嗜好。如果我们在樱桃树枝中心寻找，哪里都没有蛴螬的痕迹，它们全族都是住在木质部和树皮之间。这种习性只有在转化的时候才改变，这时蛴螬离开樱桃树的表面，掘进一个二寸多深的凹穴。这里的墙是光的，它们不像榭树抱蚨饰着丝绒的纤维。然而进出口也用木屑堵塞起来，也用白垩质的盖，形状相像，只是大小不同。关于蛴螬卧下睡觉时，头是向着门口的这件事我还需要再说说吗？没有一个会忘记这项准备工作的。

　　此外还有一种杨树上的螂虫和樱桃树上的螂虫。它们有相同的构造和相同的工具；但前者依照榭蚨的方法，而后者仿效樱蚨的方法。

　　杨树上也有一种铜色的吉丁虫，它在入睡之前，一点防御没有，不做堡栅，也没有木屑堆子。另一种在杏树上、身有九个斑点的吉丁虫，也是这样做。在这种情形下，蛴螬受它的直觉的感应能改变工作计划以适应将来的甲虫。完全成长的甲虫是圆柱状的，蛴螬是一根细带子。成虫穿着强固的甲胄，需要圆柱形的通路；蛴螬只需要一条很狭的小道，屋顶要低，使背上的足可以达到。因此蛴螬就改变它钻木的方法：昨天这隧道，适合于它在木心中徘徊的，是一个宽的洞，只有很低的天花板，差不多是条木缝；今天这隧道是圆形的了。一个手钻都不能钻得更正确，这种为了未来甲虫的方便而把筑路方式忽然改变，又一次表现这"一段小肠"的先见。

我还可以告诉你们很多别的吃木头的昆虫。它们的工具是相同的，然而每一种都应用它特别的方法，工作的策略与它的工具是没有关系的。这些蛴螬和别的很多昆虫相像，告诉我们本能并不因工具而成，相同的工具可以用作不同的用途。

继续讨论这个题目将感觉到单调。从这些事实上我们可以看到，有个明显的通则：吃木头的蛴螬能为成长的昆虫预备出去的道路，成虫只需要穿过木屑或树皮的帘子。这和通常的情形相反，幼年时代是有精力、有坚强的工具、做顽强的工作的时代；成年是闲散、不事勤劳、转向懒惰和无职业的时期。在人类，母亲给婴孩准备一切，这里是幼稚的蛴螬替母亲准备一切的。它用它不倦的牙齿——外界的危险或钻木的困苦艰难都不能战胜的牙齿，为母亲扫除一切困难，让它好去享受阳光带给它的无上快乐。

第十五章

虻　蝇

一　奇怪的餐食

当我在一八五五年搜索卡本脱拉司的山坡时——就是我从前已经告诉过你们的，也就是掘地蜂喜欢住的山坡——才开始与虻蝇熟识。它的奇怪的蛹，具有非同寻常的力量，能给成虫开一条出路，而成虫却一点无能为力，因此很值得研究。蛹的前部备有一种犁头，尾上有三脚叉，背上有一排叉，它就用这种东西，弄破竹蜂的茧子，掘开山旁的硬泥。

七月里随便哪一天，让我们来掘起舍腰蜂窠底下的小石子——

这些小石子使蜂窠能固着于筑窠的山坡上。圆的屋顶因为受了震动而松弛，于是整个地离开来。最好不过的是小室全在蜂窠的基部露出来，因为在这一处地方，除了石子的表面，再没有别的墙。小窠在我们面前，一点没有损坏。当然啦，小窠如果损坏，对于我们就未免失望，对于蜜蜂也危险，里面藏有丝质的、琥珀黄的茧，薄而透明，如葱头的皮。让我们用剪刀将这些小巧的包，一个一个地剪开。如果运气好——只要有恒心，总有好运气的——我们可以得到些茧，在茧里面住着两种幼虫，一个外表已经枯槁，另一个活泼而肥胖。同时在很多其他的室中，干枯的幼虫边，有一群小蛴螬在爬动。

这是很容易看到的，茧中正在发生一种悲剧。软弱干枯的一个，是舍腰蜂的幼虫。一个月以前，六月里，它吃完了粮食——蜜后，自己织成一个丝鞘，在里面睡一个长觉，以待转化。这东西多脂肪，只要敌人能进去，它是一个毫无防御而且肥美的食品。敌人果真进去了。虽然外面有墙壁，有屋顶，看来是障碍重重、不能通过，然而敌人的蛴螬从秘密的地方出现，开始来吃这个睡觉的了。在同一窠里，常有三种不同的敌人，在邻近的室内，来做谋害的工作。现在我们只预备讲讲虻蝇的事。

这蛴螬吃完牺牲者，单独留在舍腰蜂的茧中。它是一个裸体、柔软、光滑无足而盲目的小虫。全身乳白色，每一节都形成一个整

192

齐的环，静止的时候弯曲着，被人骚扰的时候，就变成差不多直的了。连头在内，共有十三节，在身体中部的很显明，前部不易分辨些。白而柔软的头并不比一个针尖大，上面也看不出嘴的痕迹。蛴螬有四个淡红的气门，这是呼吸用的孔，两个在前面，两个在后面，这是蝇类的通例。走路的工具是完全没有的，它绝对不能移动位置。如果我在它静止时拨动它，它就把身体屈伸，在它卧着的地方，拼命地摆动，但不能移前一步。

但是虻蝇蛴螬最有趣的一点，是它吃食的方法。一个意想不到的事，吸引我们的注意，就是蛴螬来往于蜜蜂蛴螬处，非常安逸。我曾仔细地看过无数的吃肉的蛴螬，数百种以上的吃食方法，但是这次我忽然发现一种和我们以前所见完全不同的吃食的方法。

例如，细腰蜂的蛴螬吃毛虫的方法。在它牺牲者的身上蹯一个孔，蛴螬的头和颈很深地穿入伤处。它决不将头拿出来，也不休息一下。这个贪食的动物总是向前蹯、咀嚼、吞咽、消化，直到毛虫只剩一个空壳。一经开始，吃食在未吃尽以前，总不肯停止一下的。把它拖开，它就迟疑一下，可是仍然找到它刚才吃过的地方去；如果在毛虫身上，重新弄开一个新的伤口，它是要腐烂的。

至于虻蝇的蛴螬，就没有这种割裂的举动，也不固执地去寻那个旧伤口。如果我用尖的毛刷子去触动它，它立刻就避开去，牺牲者的身上看不出有伤痕，没有皮破的地方。不久，蛴螬又将它那粉刺般的头伸到食物上，不管哪里，它毫不费力地就固定在那里。如我再用刷子触动它，它再逃避，并且同样安然地又伸到食物旁边。

这种蛴螬安闲地握住、离开和重又握住它的牺牲者，忽然这里，忽然那里，一点没有伤痕，由于这一点使我知道虻蝇的嘴，没有牙齿可以咬入皮肤，把它撕破。假使它是用钳子之类去夹肌肉，那么蛴螬在离去前和又回来时，少不得要企图夹一两下的，并且皮肤难免要破裂。但是却没有这种情形：蛴螬只是将它的嘴胶着在食物的身上或者退回。它并不咀嚼食物像别种食肉的蛴螬一样，它并不是吃，它是吸。

这种特别的事实，使我用显微镜观察它的嘴。它的形状像一个小圆锥形的火山口，有黄红色的边沿，并有很淡的线围绕着。这漏斗的底下，是喉咙口。没有一点喙或颚的痕迹，也没有任何能够咬或咀嚼食物的器官。这简直是个杯状的孔，我从未见过别的动物有这样的嘴，只能拿它和吸器的口相比拟。它的攻击，仅是一种接吻，然而这是何等残酷的接吻啊！

为了观察这部奇怪的机器的工作，我将一个新生的虻蝇蛴螬和它的牺牲者，一齐放在一个玻璃管内。这样，我可以从头至尾看它奇异的吃了。

虻蝇的蛴螬——蜜蜂的不速之客，将它的嘴（吸盘）放在蜜蜂蛴螬身体的任何部分。如果有什么事情打扰它，它可以立刻停止接吻，如果它愿意，也可很容易地再继续下去。从前是如此肥胖、光泽而且健康的蜜蜂蛴螬，经过这种奇异的接触三四天以后，现在已变成很瘦弱了。它的四周瘪进去，颜色枯槁，皮肤起皱，它显然已经缩小。不过一星期，枯竭的情形更加厉害。它瘪而且皱，好像自身的重量都不能支持了。如果我将它拿开，它伏着、摊着，好像仅盛着一半水的橡皮袋。但是虻蝇的接吻，还要继续下去，将它吸空。不久它就变成一种皱缩了的气球，一个钟点一个钟点地小下去。结果在十二天至十五天之内，蜜蜂蛴螬所余下来的，仅仅是一颗白的细点，几乎不及针头的大小。

　　如果我将这个小残余物，放在水里浸软，再用极细极细的玻璃管吹气进去，皮肤就膨胀起来，恢复蛴螬原来的形状。随便哪里都没有走气的地方，它是完整的，没有任何地方被弄破。这件事证明，它在虻蝇吸器之下，是从皮肤的细孔中被吸干的。

　　这种食肉的蛴螬，非常狡猾地选择它的攻击时间。它的身体，小得只有一点点。它的母亲——孱弱的蝇，没有做一点事帮助它。它没有武器，也不能突入蜜蜂的城堡。虻蝇的食物这时还没有瘫痪下来，也还没有受到损害。寄生者来到了——不久我们可以知道它是怎样进来的。它来时，几乎不易看见，等到做好相当的准备，于是爬在它的牺牲者的身上，后者从此就要开始干瘪尽净。这时候，牺牲者虽然还没有开始干瘪，也不曾丧失活力，却任它摆布，一直被吸到干枯，也始终不动一下表示反抗。没有一具尸首在未死前对于被咬，能如此漠不关心。

假使虻蝇蛴螬出现得太早，当蜜蜂蛴螬正在吃蜜的时候，事情就要不妙了。牺牲者感觉到身上被别人吻着，要将它置于死地，就会用身体的摆动和大颚的咬来作抵抗的。那么侵略者反要被毁灭了。但是侵略者攻击的时间选择得很聪明，所有的危险都已过去。蜜蜂蛴螬已经关闭在丝质的鞘里，在睡眠状态之下，准备变成蜜蜂，它的状态不是死，但也不是活着。所以无论我用针刺它，或者虻蝇蛴螬攻击它，它都没有反抗的表示。

此外虻蝇蛴螬进餐时，还有一个最奇怪的特点，就是蜜蜂蛴螬直到最后为止，还是活着。如果它真是死了，在二十四小时之内，它应该变成棕黑色而腐烂。但是食物经过两个星期，牺牲者的奶油色还是没有变，也没有腐烂的样子。生命一直保持到身体退减到完全没有的时候。但是如果我弄它一处伤痕，全身就都变成棕色，不久就开始腐败。一根针的微刺，能使它分解掉。一个不算什么的伤害，竟杀死了它，而残暴地吸耗它的精力，却没有杀死它。

　　我惟一所能想到的解释是这样，但这不过是个臆测而已。从蜜蜂蛴螬没有刺破的皮肤中，除掉流质外，没有旁的东西可以给虻蝇吸去，更没有呼吸器官或神经系统能够被吸出去。因为这两种主要的原质未被伤害，所以直到皮肤内所有的流质完全被吸尽为止，生命仍然继续存在。另一方面，如果伤害蜜蜂的蛴螬，就破坏了它的神经或呼吸系统，受伤地方的毒质就散布到全身了。

　　自由是个宝贵的财产，甚至微小的蛴螬也是需要的；但它到处有它的危险。虻蝇蛴螬逃避开这些危险，只是因为它把口封罩起来。它自己找路跑进蜜蜂的住宅，完全不依赖它的母亲。它和多数别种食肉蛴螬不同，它不是母亲很当心地把它安置在有食物的适当地点，它是完全自由攻击它所选择的俘虏。如果它有一对切割的工具，或是一对颚和喙，它反而会很快地遭遇死亡。因为它必定切开它的俘虏，随意地咬嚼它，它的食物也就要因此而腐烂了。它的行动的自由，恰好会致它的死命！

二　出来的道路

　　也有很多种吃蛴螬的小动物，吸它的牺牲者，但是能不弄出伤痕来的，就我所知，没有一个能赶上虻蝇蛴螬技术的高明。而且要出小室时所用的方法也不能和虻蝇比拟。别种昆虫，变成成虫时，它们具有开掘与毁坏的工具。它们有强固的颚，能用以掘地、推倒泥土的墙壁，或者甚至将舍腰蜂的硬灰泥嚼得粉碎。而在最后形态下的虻蝇，是没有这些工具的。它的嘴只是一种短而柔的吻，只能从花中舐食糖汁。它的脚很弱，移动一粒细沙对它已是过于艰难的工作，各关节都十分紧张。它那必须张着的大而硬的翼，不能允许它穿过狭窄的小道。它的精细的丝绒外衣，你只要对着它呼吸，就会有细毛吹进你的鼻孔，当然不能和粗硬的隧道摩擦。它不能跑进蜜蜂窠里去产卵，当它要解放自己，翱翔于白日之下的时候来临时，当然也不能出来。

并且蛴螬，更没有力量开辟出来的道路。那个乳白色的小长瓶，除却弱小的吸盘外，没有别的工具，甚至比发育完全的昆虫更柔弱，因为虻蝇至少还能飞能走。所以蜜蜂的小室看来简直是这种动物的土牢。它怎样能出来呢？如果没有别的帮助，这个问题，它们是不能解决的。

在昆虫中，蛹是转变期中的状态，这时这动物已不是蛴螬，但还没有成为完全的昆虫，还是非常地柔弱。它是一种蜡尸，身上紧裹着襁褓，不知、不动，只等着变化。它的嫩肉是不坚固的；它的肢透明如结晶体，固定在它们的位置上，如稍微移动一下，就会妨

虹　蝇

它的娇嫩的丝绒外衣，你只要对着它呼吸，就会有细毛钻
进你的鼻孔，当然禁不住和粗糙的隧道接触。

害它的发育。断了骨头的病人被医生用绷带裹起来，以恢复原状，也是同样的情形。

在这里，违反了通常的情形，重大的工作反而放在蛹的身上。冲开墙壁，开辟出路，反由蛹去做。蛹负起了辛苦的责任，而发育完全的昆虫却在日光下享乐。所以有如此特殊情形的结果，是因为蛹有着奇异而复杂的工具，这种工具是蛴螬和成长的虻蝇所没有的。这些工具包括犁头、手钻、钩子、矛，以及其他我们市场上所没有、字典上也找不出名称的东西。我现在要尽我的能力，来叙述这种奇怪的工具。

七月底虻蝇吃完了蜜蜂蛴螬。从这时起，一直到明年五月止，它睡在舍腰蜂的茧子里，躺在吃剩的牺牲者旁边，一动也不动。等到五月的日子来到，它就皱缩起来，蜕去它的皮；于是蛹就出现了，全身穿着强韧、红色、角质的衣服。

头圆而且大，顶上和前部戴着一顶王冠，上装六个尖硬黑色的刺，排列成半圆形。这个六刺的犁头是主要的掘凿工具，在这种工具的下方，更有许多两个一组的小黑钉，紧密地排列在一起。

身体中部的四节背上有一条角质的弧形物组成的带子，在皮里颠倒安置着。它们彼此平行排列，在顶端有黑而硬的尖刺。带子形成了两行小刺，中间是凹的。四节上总共约有二百个钉。这种钢锉的用途是很明显的：当开道工作在进行的时候，它帮助蛹固着在隧道中的壁上。它固定在一点上，这勇敢的先驱者以它带刺的王冠用力去掉阻碍物。它又备有一种长的硬毛，生在一排排的钉子中间，尖端向后，使这机器不致退后。在别的节上也有一些，生在旁边的列成簇状。此外还有两条刺带，比前者稍微柔弱些，还有一束由八个钉子组成的东西，生在身体的末端，其中有两个钉子比其余的长些。这样完成了这部奇怪的穿孔机器，可以为孱弱的虻蝇预备出去的道路了。

五月末，蛹的颜色开始改变，表示快要变虻蝇了。头和身体的前部，渐成美丽光亮的黑色，这就是昆虫将来要穿上黑衣服的预兆。我很急迫地要想看穿孔器具的动作，因为这件工作不能在自然状况下看到，所以我将虻蝇放在玻璃管里，两个芦栗髓的厚塞子之间。两个塞子间的距离，和蜂室差不多大小，这种隔壁虽没有蜜蜂窠那样坚固，然而也相当的强韧，可以抵抗相当的力量。旁边的墙是玻璃，那条有齿的带是钉不住的，这使工作者更难做些。

不要紧，只一天工夫那蛹已把前面的隔壁钻通，这壁的厚度有一寸的四分之三。我看到它用犁头抵住后面的壁，身体弯作弓状，忽然弹起来，用它带钩的颚撞在前面的塞子上。芦栗髓受钉子的打击，就慢慢地一点点破碎下来。经过稍长的时间，工作的方法改变了。

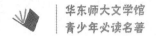
它将有锥子的帽钻进髓去，急躁地摇摆一会，然后重新冲击。当中有休息的时间。最后洞做成功。蛹溜了进去，但并不完全穿过。头和胸部露在洞口的外面，其他的部分仍在隧道内。

玻璃的小室当然要使虻蝇有点眩惑，髓上的洞宽而不整齐，这简直是个破洞，并不是隧道。它在舍腰蜂小室壁上所穿的洞却非常整洁，大小确如它身体的直径，因为隧道的狭小整洁是必需的。蛹的身子常常有一半被阻在里面，甚至被背上的锉滞住，只有头和胸部露在外面。一种固定的支撑物是必要的，因为如果没有它，虻蝇就不能脱出角质的鞘，展开它的翅膀和伸出它的长足了。

所以它在狭小的隧道出口中，用背上的锉固定住。这时一切都预备好了，它就开始变化。头上露出两个裂口，一竖一横，将头壳裂成两半，并且一直裂到胸部。从这种十字形的裂口中，虻蝇突然出现，它颤动的脚支持着身体，翅膀干了，开始飞行，将它脱下的壳抛在隧道的门口。这种颜色幽暗的虻蝇，有五六个星期的寿命，可以让它在百里香花下搜寻土窠，享受一点生存的快乐。

三　进去的道路

如果你留心着这段虻蝇的故事，你一定注意到这里还未讲完。

寓言中的狐狸看到狮子的客人进了它的巢穴，但没有看见它们怎样出来。现在这件事情正相反：我们只知道它怎样出舍腰蜂的城堡，却不知它进去的路。它把主人吃掉，而要离开那小室时，虻蝇变成了穿孔器具。当隧道开辟的时候，这种工具好像豆荚在太阳之下裂开一般，并且从很坚固的构造中，出来了一个文雅的虻蝇。它看上去就像一丛细毛，这和它所穿通的粗硬的牢墙，真是一个鲜明的对比。关于这一点，我们已经知道得很清楚了。但是蛴螬进蜂窠的道路，我被迷惑了二十五年。

很明显的，母亲不能将它的卵放到蜂窠里去，因为那是关闭的，而且有硬泥的墙阻碍着。要钻进去它就得再变一回穿孔器，重新穿上它抛在隧道门口的破衣裳，它必须重新变成蛹。因为成长的蝇，没有爪，没有大颚，没有任何可以穿过墙壁的工具。

那么，我们刚才所见的那个初生的蛴螬，能自己跑进储藏室去吸食蜂的蛴螬吗？让我们回想一下吧：它是一段小的油腊肠，只能在卧着的地方伸屈，不能移动位置的。它的身体是光滑的长瓶，它的嘴是一个圆孔。它没有方法可以移动，丝毫不能前进。它除消化食物外，不能做旁的事。要想开辟进蜂窠的道路，它比它的母亲还不行。然而食物是在里边，它必须要到达那里，这是一件关乎生死的事。究竟虻蝇如何解决这件事呢？对于这个难题，我决定去做一回差不多不可能的实验，并且由虻蝇开始产卵起就看守着它。

因为这种蝇在我们邻近不很多，所以我到卡本脱拉司去旅行，这是一个可爱的小村镇，在我二十岁时曾在那里住过。我第一次做教员的那个老学校，还在那里，外观并没有变换，仍然像个感化院。在我幼年时，大家都认为小孩子快乐活泼是不好的，所以我们的教育制度就采用郁闷和黯淡的方法。我们的学校尤其像感化院。四面墙中有一块空地，简直是一个熊坑，孩童们在展开的筱悬木树下，常争夺游戏的地方。空地周围是许多像马房的小房间，既没有亮光，又没有流通的空气，那些就是我们的教室了。

我也看到我从这所学校出去，常常去买雪茄烟的店铺。我从前的住宅，现在已住了僧侣。在窗洞里，外面关闭的百叶窗和里面的绿窗之间就曾放过我们的化学品，以免触动它。这是由家用里节省下来的一点钱买来的。我的实验，不管是安全的或危险的，都是在火炉上一个汤锅的旁边来做的。我是多么地想重新看到这屋子，在那里我曾研究过算术题目；黑板是我的好朋友，那是我花五法郎一年租来的，没有立刻买来的原因，是我缺乏现钱。

但是我必须回来谈我的昆虫了。我到卡本脱拉司来，不幸来得太迟，好的季节已经过去。我只看到几只虻蝇在岩壁上面飞。然而我并不失望，因为这些虻蝇，并不是在那里做体操，而是想建立它们的家族的。

我立在岩石的脚下，晒着火热的太阳，差不多有半天工夫，在看着虻蝇的动作。它们静静地在斜坡前面飞转，离开土面只有几寸远。它们从这个蜂窠又到那个蜂窠，但是不想进去。它们的企图是不能成功的，因为隧道太狭了，不容许它张开翅膀进去。所以它们只是往来视察岩壁，或高或低，有时飞得很快，有时又飞得很慢。有时候我看见它们中的一个，飞近岩壁，忽然用身体的尾部去碰碰泥土。这举动只不过是一瞬间的事。当这件事过去时，它稍稍休息一会，随后又继续飞舞。

我断定：当蝇碰一碰泥土的时候，它就产卵在那个地方。然而我跑近前用放大镜看时，并没有看见卵。虽然我深切地加以注意，也不能辨别出有什么东西来。其实是因为我的疲乏，加上耀眼的日光及焦灼的热度，使我不容易看见任何东西；后来，我和从那卵里出来的小东西熟悉以后，我的失败就不再使我奇怪了。因为就是在我安静而悠闲的研究时，我都很难看出这种无限小的动物！那么，处在太阳烘烤着的岩壁下的我，是那样的疲倦，怎么能看得见卵呢？

然而我相信，我曾经看见虻蝇一个个地将卵散布在蜂常来的地方。它们并不将卵掩盖起来，实际上母亲身体的构造上也不能做这件事。纤细的卵就这样放在炎热的日光之下、土粒之间。至于怎么

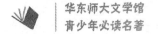

样处理未来的事，那是小蛴螬自己的任务。

第二年，我继续我的观察，这次是观察在我邻近地方卡里科多玛的虻蝇。每天早晨九点钟，当太阳正在猛烈热起来的时候，我跑到野外去。我预备回家时，头已被太阳晒痛，只要能够解决我的迷惑，愈是炎热，我成功的机会也愈多。使我吃苦的，能使昆虫快乐；能让我跌倒的，却使虻蝇振作。

路面被太阳晒得发光，如同一片熔化了的钢。从灰色而阴郁的洋橄榄树上，发出一阵颤动的歌声，那是蝉的音乐会，天气愈是炎热，它们愈叫得发狂。槐树上的蝉也在尖厉地叫，应和普通蝉的单调歌声。这正是时候了！差不多有五六个星期，我有时在早晨，有时在下午，去搜索那些岩石的荒地。

那里有着许多我所要的蜂窠，但是在它们的面上看不到一个虻蝇。没有一个在我的面前产卵。至多不过有时候看到一个身影很快地远远地飞过，在相当距离外不久就不见了。所有的情形，就是如此。要想它们在我面前产卵简直不可能。我招来很多放羊的小牧童，告诉他们注意大的黑蝇和它们常常爬到上面去的蜂窠，但结果也无效。八月末，我的最后幻想是破灭了。我们没有一个曾看到大的黑蝇停在舍腰蜂的房子上。

我相信这个理由是它从不停在那里。它只在多石的地面上飞来飞去。当它飞翔时，它老练的眼光，能够看到它所搜寻的蜂窠，看到了，立刻飞下去，产卵在上面，连足都不着地。如果它要休息，那就在旁的地方，如土块上、石头上，或百里香和欧薄荷的枝上。所以难怪我和小牧童们，都找不到它的卵了。

这时候，我就搜寻舍腰蜂的窠，寻找正要从卵里出来的蚴蟖。我的小牧童们替我拿来几块窠，可以装满好几篮；我将它们带回，在我的研究桌上，仔细地观察。我将茧子从小室里拿出来，里里外外地看；我用放大镜，观察它们最内层的东西，睡着的幼虫和四周的墙壁，但没有发现一点东西；花了两个多星期的工夫搜寻那些窠，看过的抛在墙角里，积成一大堆。我的研究功夫可以说已经用得很深了。将茧破开来搜寻，还是一无所得；我仍然看不见什么。这件事真是需要百折不回的恒心呢。

最后，我看到，或似乎看见有一样东西，在蜜蜂幼虫上移动。这是个幻觉吗？是我的呼吸吹起的细毛吗？这并不是幻觉，也不是细毛；它确确实实是一个蚴蟖呵！但是最初我认为这种发现并不重要，因为我已经给这种小动物的出现弄得非常迷惑了。

两天以后，找到了十只这样的蠕虫，把它们和蜜蜂蚴蟖放在一起，一一分放在玻璃管中，它在蚴蟖上扭动。这东西非常之小，只要皮稍稍皱缩，我就看不见了。第一天在放大镜下，整天地看住它，到第二天再来看时，却找不到它了。我以为它已经跑掉，随后它重新蠕动，于是又看见了。

很久以前，我已经知道，虻蝇幼时有两种形态，就是第一种和第二种形态，第二种我已经看见过，那就是我们看见在吃食时的蛴螬。我问我自己：这个新发现是不是第一种形态呢？时间告诉我确实是的。因为最后，我看到这小蠕虫变化成我刚才说过的蛴螬，开始用接吻来吸食它的牺牲者了。这一会儿的满足，使我从疲倦里得到快乐。

这种小蠕虫，就是虻蝇的"初级幼虫"，非常的活泼。它在牺牲者的肥胖的身上爬过，在周围行走。它一屈一伸，在地上爬得很快，和尺蠖虫的行动方法十分相像。它身体的两端，是主要的支撑点。行走的时候，它伸出来，看去好像一根有节的小绳子。连头包括在内，它共有十三节，头的前部，还有很短很硬的毛。在下方也有四对这样的毛，靠了这些毛的帮助，它就可以行走。

差不多有两个星期，这柔弱的蛴螬就保持在这种状态下，既不长大，显然也不曾吃食。事实上，它能吃什么呢？茧子里除舍腰蜂的幼虫外，没有别的东西，而这种蠕虫本身，在它未达到第二形态，吸盘（即嘴）还没有生出的时候，是不能吃东西的。然而，如我以前说的一样，虽然它不吃，但并不闲着。它观察着未来的食物，在附近地方不住地跑来跑去。

　　这种长期的断食是有很好的理由的。在自然环境下也是必须如此。卵是母亲生在蜂窠上面的，和蜂的幼虫还有一段距离，并且还有厚壁垒保护着。寻一条路通到食物那里，是蛴螬自己的事，它不会用激烈的方法，只能很耐心地爬过一条裂缝中的迷路。即便对于这种细长的蠕虫，这种工作也是很困难的，因为蜜蜂的土房非常紧密，既没有因建筑不好而破裂的缺口，也没有因天气不好而裂开的缝。照我看来，只有一个弱点，也只限于少数的窠中，就是房屋与石头接连的那一条线。然而这种弱点也很少见，我相信虻蝇蛴螬能够在蜂窠墙壁上的任何地点找路进去。

　　这蛴螬非常之弱，除掉坚强的忍耐之外，一无所长。它必须经过多少时间的工作才能进这土房，我无法说。这种工作是如此困难，而工作者又是如此的柔弱！在有些情形下，我相信，这种缓慢的旅行需要好几个月。所以你看，这种专以穿通墙壁为事的第一形态的蛴螬，没有食物能够生存，是很幸运的。

　　最后，我看到我的小蠕虫，皱缩起来，蜕去外皮。于是它们就成了我所知道的，也是我在渴望着的，像乳色的长瓶子、头上有个小纽扣的虻蝇蛴螬。很紧地将圆吸口放在蜜蜂蛴螬的身上，它开始吃食了。其余的事你已经完全知道。

在抛下这个小动物不谈以前，让我们来注意一下它奇怪的本能。让我们想象它刚刚跑出它的卵，刚刚在酷热的日光下获得生命的时候，光石头是它的摇篮；当它到世界上来时，没有谁欢迎它，它只是一段线状的半硬物质。忽然，开始了它和燧石之间的战斗。它顽强地将石头上每个小孔都测探过；它溜进去，向前爬，退出来，重新再试。究竟是什么感觉驱使它向食物处去，是什么指南针引导它的呢？它晓得那里的深度或有什么东西卧在里面么？不晓得的。植物的根晓得土地的膏腴吗？也不晓得的。然而，植物的根和这种蠕虫都能向有营养的地点去。为什么呢？我不知道。甚至我不想知道。这个问题我们是无法解答的。

现在我们继续说明虻蝇一生的历史吧！它的生命可分四个时期，每一个时期，都有它特别的形态和特别的工作。最初的幼虫，跑进贮有食物的蜂窠；第二次的幼虫吃食物；蛹穿通围住的墙，使成虫能到日光下来；成虫散布它的卵。于是这故事又周而复始，重新复演一遍。